탈핵

포스트 후쿠시마와
에너지 전환 시대의 논리

탈핵
포스트 후쿠시마와 에너지 전환 시대의 논리

지은이 김명진 김현우 박진희 유정민 이정필 이헌석 **기획** 에너지기후정책연구소
펴낸곳 이매진 **펴낸이** 정철수
편집 기인선 최예원 **디자인** 오혜진 **마케팅** 김둘미
첫 번째 찍은 날 2011년 6월 3일
등록 2003년 5월 14일 제313-2003-0183호
주소 서울시 마포구 합정동 370-33 3층
전화 02-3141-1917 **팩스** 02-3141-0917
이메일 imaginepub@naver.com **블로그** blog.naver.com/imaginepub
ISBN 978-89-93985-48-1 (03530)

탈핵

포스트 후쿠시마와
에너지 전환 시대의 논리

김명진 김현우 박진희 유정민 이정필 이헌석 지음
에너지기후정책연구소 기획

이매진

차례

핵이라는 괴물을 척결하기 위해서

결국 일이 터지고 말았다. 후쿠시마 핵 발전 사고로 인한 방사능 대량 방출 사태는 사고가 발생한 지 두 달이 지났는데도 수습 전망이 여전히 불투명하다. 이미 대기와 해양으로 방출된 방사성 물질의 양도 체르노빌 수준을 넘어섰을 것이라는 관측이 나오는 마당에, 이 상황이 기약 없이 계속된다면 그 결과는 상상하기도 두려운 세계사적 대재앙이 될 게 틀림없다.

일차로 사고가 난 발전소 주변 지역은 말할 것도 없고, 어쩌면 일본 국토의 삼분의 일이 방사능 오염 때문에 인간다운 삶터로서 적합성을 상실할지도 모른다. 비극적이지만, 지금 이 가능성은 갈수록 높아지고 있다. 비록 사석이었다고는 하지만 사고 발생 초기에 일본 총리는 '동東일본의 붕괴 가능성'을 언급했다고 한다. 이 발언은, 국가적 대재난의 와중에 정부의 최고 책임자가 할 만한 말인지는 모르지만,

그 자체는 사태의 심각성에 관한 정당한 인식을 드러낸 말이었다고 할 수 있다.

그러나, 말할 것도 없이, 후쿠시마 사태는 일본만의 문제가 아니다. 대기와 바다로 방출된 방사성 물질은 국경을 넘어 자유롭게 확산돼 무수한 생물의 서식처를 위협하고, 막대한 인명 손상을 가져올 것이다. 이것은 체르노빌의 경우를 생각하면 분명히 예견할 수 있다. 체르노빌 핵 발전 사고 피해는 우크라이나, 벨라루스, 러시아의 많은 인명을 손상시키고, 방대한 옥토를 불모지로 바꿔놓았다는 데에만 그치는 게 아니었다. 체르노빌이 내뿜은 '죽음의 재' 때문에 스웨덴의 순록과 영국의 양들이 집단 매몰 처분을 당하고, 유럽 각국의 우유가 폐기 처분됐다. 그것뿐만 아니라 유럽을 포함해 북반구 전역에서 10~20년이 지나면서 갑상선 질환, 백혈병, 각종 암의 발병률과 기형아 출산율이 현저하게 높아졌다는 증거가 나타났고, 이런 현상은 지금도 계속되고 있다.

체르노빌의 후유증이 이렇다고 할 때, 후쿠시마의 영향은 그 규모와 범위가 어떻게 될지 지금은 추측하기도 두려운 문제다. 후쿠시마에서 1000킬로미터 이상 떨어진 서울에서도 벌써 하늘은 예전처럼 보이지 않고, 봄비도 마냥 반가운 마음으로 맞이할 수가 없게 됐다. 바다에서 나오는 먹을거리는 물론, 마시는 물도, 아이들에게 주는 우유도 불안하다. 이러다가 먹을 게 하나도 남아 있지 않게 될지도 모른다는 두려움마저 드는 게 사실이다.

이런 상황에서 언제나 방사능 피해를 축소, 은폐하는 데 앞장서는 것은 정부와 핵 산업계, 그리고 어용학자들과 주류 언론이다. 늘 방사선 허용 기준치를 들먹이며, 공기와 바닷물에 희석된 저농도 방사능으로는 건강에 피해가 없다고 주장한다. 심지어 한국의 집권당 지도부는 지금 방사능 피해를 강조하는 사람들의 배후에는 정부 전복의 음모가 감춰져 있다는 기상천외의 논리를 펴면서, 무책임이 체질화된 정부에 맞서서 자신과 자식들의 생명과 건강을 지키려는 시민들의 자기 방어 본능마저 꺾으려고 하고 있다. 이 나라의 권력 엘리트들이 원하는 것은 순종적인 노예나 얼간이들이지, 결코 자주적인 사고력을 가진 인간이 아니라는 게 이런 상황에서도 확연히 드러난다.

노예가 아니라 자유인으로 살려고 하는 한, 우리가 어떤 상황에서도 포기할 수 없는 것은 자주적인 판단과 사고 능력이다. 이런 능력은 자신들의 단기적인 사익私益을 위해 지구 자체를 살아갈 수 없는 불모의 공간으로 변화시키고 있는 기득권 세력의 폭주를 막고, 생명의 가치와 평화와 민주주의를 옹호하기 위한 싸움에서 무엇보다 필요한 자질이라고 할 수 있다.

그런 의미에서 핵 문제에 관한 한, 시민들이 정부와 전문가들한테 듣는 정보란 언제나 거짓 정보이거나 부분적인 진실에 지나지 않는다는 것을 똑똑히 인식해야 한다. 이것은 일본이나 한국 정부에 국한된 게 아니라 세계적으로 공통한 현상이라고 할 수 있다.

방사능 피해에 관한 설명도 예외가 아니다. 이른바 주류 원자력 관계 전문가들에 따르면, 허용 기준치에서 볼 때 저수준의 방사선 피해는 무시해도 좋다고 흔히 말한다. 그러나 이런 말을 할 때 잊고 있거나 모르는 것은, 방사능에 관한 한 허용 기준치라는 것은 면밀한 의학적 연구 결과가 아니라 원자력 산업의 유지와 확대를 위해 어용 학자들이 자의적으로 만든 수치라는 사실이다.

방사능은 결코 생명과 공존할 수 없다. 방사능은 생물의 세포를 손상시키고, 유전자 변형을 일으킨다. 이것은 기초적인 사실이다. 그런 점에서 환경 속에서 측정되는 방사선량 그 자체도 중요하지만, 더 중요한 것은 호흡과 피부 또는 음식 섭취를 통해서 몸속에 흡수되어 쌓이는 '내부 피폭'이다. 아무리 저농도라 할지라도 장기적으로 대기와 토양과 물이 방사능으로 오염되어 있다면, 호흡과 먹이사슬을 통해 내부 피폭을 당한다는 것은 필연적이다. 그러므로 당장 눈에 띄는 상해가 나타나지는 않을지 모르지만, 장기 노출로 인한 체내 축적의 결과 당사자는 말할 것도 없고, 아직 태어나지 않은 자손들에게 어떤 가공할 신체적·정신적 장해를 입힐지 그 누구도 장담할 수 없는 것이다.

그런데 문제는 고농도 피폭에 따른 급성 방사능 장해의 경우하고는 달리 장기간에 걸친 저농도 피폭에 따른 만발성晚發性 장해의 경우는 그 원인이 방사능이라는 것을 입증하는 게 쉽지 않다는 점이다. 실제로 악화일로에 있는 환경 위기와 삶의 질의 저하로 인해 세계 전역에서 각종 괴질과 난치성 질환이 창궐하고 있는 게 오늘의 현실이다. 그러므로 아주 엄격한 역학 조사를 거치지 않는 한, 방사능과 건강 장해 사이의 인과 관계를 명확히 규명하는 것은 어려운 일일지도 모른다. 말할 것도 없이, 바로 이 점 때문에 핵 산업계가 방사능의 위험성을 끊임없이 축소하고 은폐할 수 있는 것이다.

정부와 핵 산업계, 관련 기관이나 개인들이 방사능의 위험을 늘 과소평가하고, 실제 피해를 축소하거나 은폐하는 데 급급한 것은 핵 산업을 계속 확대하거나 적어도 유지하려는 의도가 있기 때문일 것이다. 방사능이나 핵 에너지가 인류 사회에 얼마나 큰 피해를 끼치는지 전혀 모르고 있지는 않을 것이다. 반세기 이상에 걸친 핵 실험, 원자로 가동, 열화우라늄의 군사 무기화 사용 등으로 이미 많은 인명이 희생당하고, 지구 전역이 치명적으로 오염됐다는 사실에 관해서는 헤아릴 수 없을 만큼 무수한 증언과 조사와 보고가 쌓여 있다.

게다가 원자로 노심 용해meltdown(노심 융해, 노심 용융 등으로 부르기도 함)같은 엄청난 사고가 일어나지 않는다 하더라도 핵 발전이라는 방식이 모든 면에서 타당성을 결여한 전력 생산 방식이라는 사실도 이제는 명백해졌다. 예를 들어 원자력이 지구 온난화에 대응할 수 있는 '청정' 에너지라는 주장은 핵 발전소라는 거대한 시설의 건설과 유지·관리부터, 우라늄 채굴, 운반, 농축, 나아가서 핵폐기물의 처리와 발전소 폐쇄라는 최종 단계에 이르기까지 전체 과정을 통해서 막대하게 소모될 화석 연료를 고려하면, 완전히 거짓말이라는 것이 금방 드러난다.

원래 핵 발전은 1953년에 아이젠하워에 의해서 '원자력의 평화적 이용'이 제창되면서 시작됐다. 그러므로 그것은 애당초 지구 온난화하고는 아무런 상관없이 기획되고 추진돼온 것이다. 20세기 말에 범지구적 위기로 대두된 지구 온난화 문제는 스리마일과 체르노빌 핵 사고로 궁지에 몰려 있던 핵 산업계가 재기하는 데 필요한 빌미를 제공했을 뿐이다. 핵 발전 추진 세력이 진심으로 핵 발전을 청정 에너지로 생각하고 있다면 그것이야말로 엄청난 자기기만이다.

원자로 노심 용해나 수소 폭발 같은 대형 사고가 아니더라도 장기적으로 볼 때 핵 발전은 도저히 용납할 수 없는 다양한 문제를 내포하고 있다. 그중 하나는 원자로를 냉각하기 위해 바닷물이나 강물이 쉴 새 없이 투입돼야 하고, 그 결과 핵 발전소에서는 일상적으로 뜨거운 물이 쏟아져 나온다는 사실이다. 따라서 어떤 점에서 핵 발전소는 무엇보다 해수 또는 강물의 가온 장치加溫裝置라고 할 수 있다. 전세계 440개가 넘는 원자로가 매일 가동하면서 이런 가온 장치 기능을 하고 있다면, 막대한 양의 온수가 끊임없이 바다나 강물로 들어간다는 뜻이 된다. 이게 궁극적으로 지구의 수중 혹은 해양 생태계를 파괴하지 않는다는 보장이 있을까. 나아가서 이산화탄소 못지않게 이상기후 현상에 기여하는 바가 없다고 할 수 있을까. 이 점에 관해 명쾌한 해명 없이 지금 핵 발전이 계속되고 있다.

그리고, 말할 것도 없이, 핵폐기물 처리 문제라는 게 있다. 이것은 난제 중의 난제다. 핵 발전소를 가진 나라들의 가장 긴급한 현안이 이 문제지만, 고준위 핵폐기물은 말할 것도 없고, 저준위 핵폐기물조차 합리적으로 처리할 수 있는 방법은 거의 없다. 수십만 내지 수백만 년이라는, 인간의 시간으로는 거의 영원에 가까운 시간 동안 핵폐기물의 방사능이 소멸할 때까지 안전하게 보관할 방법과 장소가 이 지구상에는 실제로 존재하지 않기 때문이다. 그리하여 현재 대부분의 핵 발전소는 저준위 핵폐기물마저 버릴 데를 찾지 못한 채 발전소 부지 안에 엉거주춤 껴안고 살아가야 하는 처지가 된 것이다. 지금은 고인이 된 일본의 저명한 반핵 시민과학자 다카기 진자부로가 핵 발전소를 '화장실 없는 맨션 아파트'라고 부른 것은 이런 기괴한 정황을 염두에 두었기 때문이다.

저준위 핵폐기물 영구 저장 시설을 찾는 게 어렵다는 것은 원자로를 안전하게, 합리적으로 폐기하는 것도 사실상 불가능한 일이라는 것을 알려준다. 수명이 다해 폐기되는 원자로란 결국 고준위 방사성 폐기물 덩어리라고 할 수 있기 때문이다. 그러기에 미국처럼 광대한 땅을 가진 나라에서도 고준위 핵폐기물 처분장을 마련하는 데 실패를 거듭하고 있는 것이다. 이런 사실은 결국 핵 발전이라는 게 태어나지 말았어야 할 괴물임을 단적으로 말해준다.

아마도 초기에 핵 발전을 기획한 사람들은 원자로를 가동하는 과정에서 이 문제에 대해서는 조만간 기술적 해결책이 나올 것이라고 생각했는지 모른다. 그리고 핵 발전에 비판적이던 사람들도 대부분은 운전 중 핵 발전소의 안전 문제가 가장 큰 관심사였는지도 모른다. 하지만 자연 속에서 만물은 생성, 성장, 노쇠, 사멸의 과정을 밟기 마련이다. 돌덩어리, 쇳덩어리라고 해서 예외가 아니다. 태어나면 죽게 마련이고, 탄생의 장소가 있으면 죽음의 장소가 있게 마련이다. 그러나 핵분열 반응의 생성물이라는 이 기괴한 물질만은 예외적이다. 아마도 이것이 자연의 창조물이 아니라 인간의 교만한 지식이 창조해낸 물질이기 때문일 것이다.

지금 후쿠시마의 재앙은 지구 생물권이 더는 이 괴물과 동서同棲할 수 없다는 사실을 명확히 드러내는 사태다. 생각해보면, 이 재앙은 과학기술의 힘을 터무니없이 믿어온 인간의 어리석음의 필연적인 결과이자 근거 없는 자기 과신의 당연한 결과임이 분명하다.

　　핵 발전을 그만두면 대안이 뭐냐고 묻는 사람들이 있다. 그런 사람들에게 우리는 핵 발전이라는 것은 전력 생산 방법 중에서도 가장 값 비싸고, 가장 위험하며, 가장 비합리적인 방식이라는 것을 일일이 설명해줄 필요가 없고, 재생 가능한 에너지가 가진 무한한 잠재적 가능성에 대해 친절하게 설명해줄 필요도 없다. 설령 재생 가능한 에너지라는 대안이 없고, 전력이 부족해 경제가 어려워지고, 삶이 고달파진다 하더라도 핵 발전은 용납할 수 있는 게 아니라는 것을 명확히 해야 한다.

　　이제 우리의 선택은 가난하게 살더라도 이 아름다운 지구를 더는 손상시키지 않는 삶을 택할 것인지, 아니면 언제, 어디서 묵시록적 상황을 만들어낼지 모르는 이 핵이라는 괴물과 함께 공포 속에 사는 삶을 계속할 것인지 하는 것이다. 대안을 얘기할 때가 아니다. 지금은 핵이라는 괴물을 만들어내고 그것을 확산시켜온 독선적, 자기중심적 정신 구조를 척결하고, 만물과 더불어 겸손하게 살아가는 소박한 삶을 어떻게 회복할 것인가에 대해 깊이 생각할 때다.

김종철 | 녹색평론 발행인

원자력 신화의 붕괴, 탈핵은 가능하다

올해는 역사상 최악의 원전 사고로 기억되는 체르노빌 사고가 발생한 지 25주년 되는 해다. 그러나 안타깝게도 체르노빌의 경고를 무시한 인류는 체르노빌에 버금가는 최악의 원전 사고를 다시 역사에 기록하게 되었다. 바로 지난 3월 11일 발생한 일본 후쿠시마 원전 폭발 사고가 그것이다.

사고가 발생한 지 두 달이 넘어가는 현재, 폭발 사고는 수습될 기미가 보이지 않고 있다. 오히려 상황은 더욱 심각해지고 있다. 사고 원전 내부는 방사선량이 무척 높아 사람이 접근할 수 없고, 냉각재로 사용된 바닷물은 그대로 배출되면서 바다를 방사능으로 오염시키고 있다. 원전 반경 20~30킬로미터 밖으로 대피한 주민들은 집으로 돌아갈 날을 기약할 수 없고, 농수산식품에서는 방사능 성분이 광범위하게 검출되고 있다. 일상의 공포가 지속되고 있다.

국내에서도 일본을 통해 유입된 방사능이 측정되는가 하면, 3~4월 봄비는 반가운 손님이 아닌 '방사능비'로 둔갑해 두려움의 대상이 되어버렸다. 편서풍을 타고 지구 한 바퀴를 돈 방사성 물질 때문에 세계 각국은 대책을 마련하느라 고심 중이다.

이번 후쿠시마 원전 사고는 '안전한 원자력'이란 존재하지 않는다는 것을 여실히 보여주었다. 특히나 높은 안전 기준과 규범을 갖추었던 일본이었기에 시사하는 바가 더욱 크다. 원자력 에너지가 가진 근본적 위험성은 기술의 발전이나 안전성 강화로 절대 해결되지 않는다. 자연재해든 인재든 기술적 결함이든 사고의 위험은 상존하고, 단 한 번의 사고로도 절멸의 위기를 불러온다. 이제 과학기술에 대한 맹신, 위험을 통제할 수 있다는 허황된 믿음이 얼마나 어리석은 것인지 깨달아야 한다.

현재 21기의 원전이 가동 중인 한국도 원전 사고에서 자유롭지 못하다. 한 해에만도 수십여 건의 크고 작은 원전 사고가 일어난다. 그런데도 정부는 원자력 확대 정책을 고수하고 있어 아주 염려스럽다. 제5차 전력수급기본계획을 통해 2024년까지 14기의 신규 원전을 더 짓겠다 하고, 원전 산업을 수출 산업으로 육성하겠다고 한다.

올해 안에 신규 원전 부지를 선정하겠다고 하면서 지역 갈등을 부추기고, 지난 4월 12일, 국내에서 가장 노후한 원전인 고리 1호기의 가동이 중단되는 위험천만한 사고가 발생했는데도 수명 연장을 포기하지 않고 있다.

원자력과 관련된 모든 정책에서 정부의 폐쇄적이고 일방적인 밀어붙이기가 계속되고 있다. 정부는 원자력 확대가 원자력 사고의 위험성을 높인다는 것을 애써 외면하고 있다. 그러면서 국민의 눈과 귀를 속이기 위해 여념이 없다. 원자력의 위험성에 대한 정보는 철저히 통제하고, 막대한 자금을 동원해 '원자력은 안전한 에너지, 깨끗한 에너지'라는 일방적이고 편향된 홍보에 총력을 기울인다.

이런 상황에서 대안 에너지를 이야기하는 목소리는 소수로 치부되고, 원자력에 대한 객관적이고, 균형 잡힌 정보를 습득하기란 매우 어렵다. 하지만 이번 후쿠시마 원전 사고를 계기로 국민들의 원자력에 대한 인식이 높아지고 있어 다행스럽다. 늦었지만, 한국 사회에 만연해 있던 원전 불감증에 서서히 균열이 생기고 있다.

이 시점에서 에너지기후정책연구소가 기획한《탈핵》의 발간은 무척 큰 의미를 지닌다. 정부의 거짓말이 반복되고, 제한적이고 편향된 정보에 답답함과 갈증을 느꼈을 시민들에게 원자력 에너지, 원자력 발전소의 실체를 제대로 이해할 수 있도록 돕는 좋은 안내서가 될 것이라 생각되기 때문이다.

이 책에서는 원자력을 둘러싼 다양한 쟁점들을 풀어놓고 있다. 1장에서는 평화로운 핵 이용이 가능한가라는 근원적 의문을 던지고, 2장에서는 원자력이 과연 안전하고 경제적인 에너지인지 따져본다. 3장에서는 한국 정부가 얼마나 원자력 일변도의 에너지 정책을 강행해왔는지, 문제점은 무엇인지 짚어본다. 또 4장에서는 원자력 말고 대안은 없는 것인지, 독일 사례를 통해 시사점을 찾아볼 수 있다. 어려운 내용일 수도 있겠지만, 차근차근 읽다 보면 원자력의 비밀스런 실체를 깨달을 수 있을 것이다.

무엇보다 이 책에서 눈여겨볼 부분은 5장이다. 원자력의 위험성과 문제점을 지적하는 데 그치지 않고, 한국 사회의 탈핵 시나리오를 적극적으로 제안한다. 2001년 '원자력 합의'를 통해 원전의 단계적 폐지를 결정하고, 재생 가능 에너지 확대와 에너지 효율 향상을 정책적으로 추진하는 독일의 사례가 결코 먼 나라의 이야기가 아니라고 희망을 전한다.

체르노빌 원전 사고를 겪으며, 유럽의 여러 국가들이 원전 건설 중단을 선언하고 재생 가능한 에너지에 주목한 것을 교훈으로 삼아, 한국도 이웃 나라 일본에서 발생한 후쿠시마 원전 사고를 계기로 원자력 발전소 확대 정책을 과감히 전환해야 할 과제를 안게 되었다.

이제 뒷전으로 미뤄두었던 에너지 선택권에 대한 목소리를 내자. 국민이 자발적으로 에너지 정책 결정 과정에 참여하고, 이것을 통해 탈핵이 상상을 넘어선 현실로 가는 과정에 이 책이 좋은 길잡이가 되기를 희망한다.

마지막으로 덧붙이면, 우리는 이번 후쿠시마 원전 재앙을 계기로 구제역 발생과 더불어 우리 삶의 형태와 관련한 근원적인 문제에 직면하게 되었다. 이른바 '문명적 전환'이라는 성찰의 기회를 놓치지 말아야 한다. 그럴 때만이 교훈을 통해 배우고 교정할 수 있는, 다른 종과 차별화된 인간종의 특성을 확인할 수 있을 것이다.

조승수 | 에너지기후정책연구소 이사장, 진보신당 국회의원

핵 없는 세상은 가능하다

히로시마에서 후쿠시마까지

2011년 3월 11일, 일본 대지진 소식을 접하고 아찔한 생각이 들었다. 바로 3일 전 홋카이도를 방문하고 돌아왔기 때문이다. 대지진의 직접적인 피해 지역은 아니었지만, 왠지 모를 안도감은 감출 수 없었다. 사고 발생 직후 언론은 대지진으로 발생한 쓰나미(지진 해일)와 그 영향에 대해 '최악', '궤멸', '두절', '사망', '실종', '패닉'이라는 표현을 동원해 뉴스를 전했다. 물론 이번 사태가 경제와 주가에 어떤 영향을 미칠 것인지에 대해서도 놓치지 않았다. 많은 인명과 재산 피해 그리고 정신적 공황, 이 모든 것들에 인간적 애도를 금할 수 없다. 조속히 '정상 상태'로 복구되기를 바란다.

그러나 이 정상 상태에 결코 포함돼서는 안 될 것이 하나 있다. 바로 핵 발전이다. 사실 엄청난 손실에 대한 걱정 다음 찾아온 불안이 바로 핵 발전이었는데, 결국 비극은 '원전 공화국' 일본을 비껴가지 않았다. 오죽했으면 일본 주류 언론조차 '원전 안전 신화 붕괴'라고 인정하지 않을 수 없었겠는가. 초기 안일한 대응과 정보 비공개로 일관하던 일본 정부와 도쿄전력마저도 걷잡을 수 없는 상황에 처해 있음을 시인했다. 심지어 사고 현장에 투입된 한 관리원은 "후쿠시마 원전 사고가 수습될 때까지 얼마나 많은 시간이 걸릴지 알 수 없다"며 "앞으로 상황이 더욱 심각해질 것"이라고 고백하기도 했다.

사건 초기에 많은 전문가들은 핵 발전 사고의 대명사 격인 1979년 미국의 스리마일 사고(5단계)와 1986년 구소련의 체르노빌 사고(7단계)와 비교하면 낮은 수준에 불과하다고 주장했다. 그러나 우리는 현재 육해공으로 유출되고 있는 방사성 물질을 통제하는 데 21세기 최첨단의 과학기술이 무용지물임을 확인하고 있다. 이미 체르노빌 수준을 넘어섰는데, 얼마나 파괴적일지 여전히 불확실하다.

이번 사태는 일차적으로 그리고 기술적으로 쓰나미에 따른 원자로 냉각 시스템의 작동 불능이 원인이다. 그렇다고 이런 비극을 자연 재해이기 때문에 당연하게 받아들여야 할까? 아니면 더 진보된 과학기술로 극복해야 할 문제로 넘기면 될까? 국가의 모든 자원을 동원해서라도 시급히, 철저히 피해 대책을 세우고 집행하는 것도 중요하고, 현재 별 피해 없이 가동 중인 원전에 대해 더 엄격한 안전 수단을 강구하는 것도 중요하다. 그러나 우리는 이 사건을 핵 발전에서 벗어나는 '탈핵'에 대해 진지하게 검토하는 기회로 삼아야 한다. 일본을 비추는 텔레비전 화면은 죽음의 에너지를 두려워하는 인간의 마음을 고스란히 담고 있기 때문이다. 다른 나라에서 발생한 방사성 물질 유출에 우리 국민들 또한 처음으로 핵의 심각성과 공포감을 경험하고 있기 때문에 더욱 그러하다.

탈핵도 민주주의와 마찬가지로 피를 먹고 자라는지 모른다. 한국에도 유명한 독일의 프란츠 알트Franz Alt는 "원자력 정책이 바뀌기 위해서는 또 하나의 대형 원자력 사고가 일어나야 하는가?"라고 경고했다. 역사에서 조금이라도 배웠다면 일본은 이 지경에 이르지 않았을 것이다. 히로시마와 나가사키에 투하된 핵폭탄의 폐허에서 일어선 일본은 역설적이게도 대규모 핵 발전을 택했다. 결국 반세기가 넘어 과거로 돌아간 셈이다. 가히 자국민을 향해 핵이라는 시한 폭탄을 품고 있었던 것이다. 프란츠 알트가 주장했던 것처럼, "기술적으로 발생 가능한 것은 모두 언제가는 발생한다."

실제 자연재해에 대한 인류와 문명의 취약성은 각종 사회경제적 요소들에 달렸다. 기후변화처럼 자연재해 자체가 인재人災인 경우도 있고, 인재의 요소가 없는 경우에도 자연재해의 결과는 다르게 나타난다. 뉴올리언스를 초토화시킨 허리케인 카트리나(2005년), 인도네시아 쓰나미(2004년), 아이티 대지진(2010년) 등 여러 역사적 경험이 증명하듯이 한 국가 내 그리고 국가간 차이에 따라 재해의 결과가 다르다. 이번 쓰나미는 안타깝게도 엄청난 피해를 가져왔지만, 조금 냉정하게 보면 일본 특유의 사회·문화적 배경과 안전망으로 그 피해를 줄이는 대비 효과가 있었을 것으로 짐작된다. 물론 30년 동안 완성했다는 방조제도 큰 효과가 없었다고 하지만, 만약 인도네시아나

아이티에서 발생했다면 재산 피해는 몰라도 인명 피해는 훨씬 컸을 것이다. 또한 뉴올리언스처럼 빈곤층이 큰 타격을 받은 재해 불평등도 일본에서는 심하지 않은 것으로 보인다.

그러나 한 가지 이 사건들과 다른 점이 바로 핵이다. 냉정하게 생각하다가도 열정적으로 따질 수밖에 없는 대목이다. 이번 일본 사고의 2막은 자연재해의 파괴력을 증폭시킨 일본의 핵 발전 시스템이라는 비극의 씨앗에서 잉태됐기 때문이다. 바로 인류 최악의 발명품인 핵이라는 인재가 결합됐기 때문에 가능한 사건 전개다. 여기에 추가해 석유·가스라는 전통적인 화석연료도 조연으로 등장했다. 동부 연안에 정유 설비가 42퍼센트 몰려 있는데, 화재가 나거나 가동이 중단돼 연료 수급에 차질이 생기고 있다.

그렇다면 일본은 이번 사건에서 무엇을 배울 것인가? 또한 다른 핵 발전 보유국들에 어떤 영향을 줄까? 많은 선진국들이 대형 사고가 발생할 수 있다는 두려움 탓에 핵 발전 정책에 소극적이었다. 환경의식을 갖는 유권자의 성장과 친환경적 정권의 등장으로 단계적 폐지로 나아가기도 했다.

만약 일본이, 아니 피해 지역만이라도 원자력이 아닌 태양과 바람 등 재생 가능 에너지로 살아가고 있었다면 이번 복합적인 사고의 피해는 반감됐을 것이다. 또한 2차 대전 이후 처음이라는 도쿄와 수도권의 전력 공급 부족 사태에 따른 제한 송전 조치는 생각조차 할 수 없었을 것이다. 왜냐하면 분산형 재생 가능 에너지로 전환하는 지역이 많아질수록, 해당 지역보다 에너지 수요가 많은 수도권과 대도시에 제공할 목적으로 건설되는 위험천만한 에너지 시설이 설 자리는 줄어들기 때문이다.

원전 안전이냐 탈핵 · 전환이냐

후쿠시마 '원전 재앙' 탓에 세계적으로 원자력 에너지에 대한 논란이 재점화되고 있다. 원전을 가동해 전력을 생산하고 있는 31개 국가에서 정치적, 사회적 논쟁이 거세다. 그런데 얼핏 보면 '안전성' 문제로 같은 내용을 다루는 것 같지만, 이런 공론에는 질적으로 다른 두 가지 프레임이 섞여 있다.

원전의 안전 관리와 대책을 강조한 측면에서 '기술적 해결책'을 주장하는 프레임이 있다. 이런 주장을 따라가 보자. 이번 사고는 일차적으로 예측하지 못한 대지진과 쓰나미라는 자연재해로 냉각 시스템이 작동하지 않아 발생했다. 여기에 노후 원전에 대한 안전 관리와 위기 대책의 부실, 그리고 설계상 결함이라는 인재가 결합된 것이다. 따라서 한편으로는 지진과 쓰나미 등 자연재해에 대한 대비를 강화하고, 다른 한편으로는 안전 기준을 새롭게 세우면서, 사고 발생 확률을 줄이는 기법을 동원해 '원전 안정성'을 높이는 방향으로 관리해야 한다는 결론을 낸다. 틀린 말은 아니다.

그러나 문제는 이런 주장이 일본 안팎에서 지속적으로 제기된 문제로, 사전에 예방이 가능했던 '예고된 비극'이라는 점이다. 또한 이런 원전 '기술주의'는 핵 발전에 내재한 문제점을 '기술 만능주의'로 접근하게 해, 더 위험한 결과가 발생할 수 있는 방향으로 유도한다. '잘못될 수 있는 일은 결국 잘못되게 마련이다' 또는 '잘못될 수 있는 일은 하필이면 최악의 순간에 터진다'는 '머피의 법칙'이 이것보다 더 잘맞아 떨어질 수 없다. '전문가주의'와 '비밀주의' 역시 정책 결정의 과정을 일부 정치인, 관료, 업계, 학계의 테두리에 국한시켜 '위험사회'에 필수적인 사회적 공론화를 방해한다. 그리고 무엇보다도 의도적이건 비의도적이건 다른 에너지 대안을 밀어내는 효과를 낳는다. 탈핵과 에너지 전환이라는 대안을.

반면 후쿠시마의 경험을 타산지석으로 삼아 원자력 에너지에 대해 근본적으로 성찰해 원전 존재 자체를 재검토하는 프레임도 있다. 여기서는 재생 에너지라는 대안으로 자연스럽게 넘어갈 수 있다. 한국은 주로 첫 번째 프레임에 갇혀 있는 반면, 유럽의 경우 '원자력 르네상스'에 대해 재검토해야 한다는 주장이 강하다.

그렇다면 이웃 나라에서 발생한 비극에서 우리 사회는 무엇을 배워야 할까? 단지 대지진이 발생할 가능성이 낮고 더 안전한 설비를 갖췄다는 정부와 전문가들의 신념에 기대야 하는 걸까? 이런 위안은 어디로 튈지 모르는 원전 국면을 모면하려는 미봉책에 불과하다는 의심을 지울 수 없다.

일본은 한국의 롤 모델

한국의 핵 발전에도 불똥이 튀고 있다. 경주 방폐장 문제가 여전히 논란인 와중에 신규 원전 부지 선정으로 제2의 '부안 항쟁'을 걱정하는 시점에서, 한국 원전 안전성 문제가 다시 제기되고 있기 때문이다. 그것뿐만 아니라 이명박 정부는 2030년까지 원전 80기를 수주해 세계 6번째 원전 수출국 대열에 합류하려고 한다. 이미 '저탄소 녹색성장'의 또 다른 치부인 아랍에미리트^{UAE} 원전 계약으로 그 흐름이 시작됐다. 따라서 우리 사회는 일본 방사성 물질의 국내 이동에 대비하면서도 이번 사태를 국내 원자력 정책을 근본적으로 성찰하는 계기로 삼아야 한다.

그렇다면 우리 사회의 핵 발전을 둘러싼 논란은 어디로 향하고 있는 걸까? 정부의 견해는 말할 것도 없고, 각종 미디어가 다루는 핵 프레임은 편향되어 있다. 시시각각 온라인으로 전해지는 일본 소식은 초현실 세계의 이미지로 존재하는 것이 아니라 우리 현실에 내재된 이미지다. 그런데도 주류 담론은 한국 '원전 안정성'과 '사고 안전 지대'의 프레임에 갇혀, '우리는 괜찮다'는 주술만 되뇌고 있다. 이런 강변과 달리, 환경단체들과 국민들은 방사성 국내 유입 가능성과 한국 원전의 안전을 염려하고 있다. 같은 사건, 같은 매체의 이미지, 그리고 같은 온라인 정보에 왜 다른 반응을 보이며 다른 해결책을 선호하게 되는 걸까? 문제는 현실을 재구성하는 프레임, 즉 "누가 무엇이 리스크인지 결정하는가?"이다.

에너지기후정책연구소는 현실에 안주하려는 주류 담론이 초래할 위험을 감지하고 이 책을 기획하게 됐다. 리스크를 정의하는 문제에서 갈등이 발생한다는 상황 인식에서 출발해, 어느 것이 '정상 상태'

이고 어느 것이 '비정상 상태'인지, 또한 '위험 회피'의 길이 있는데 왜 '위험 분배'의 길로 가는지, 이런 질문에 시민들과 함께 답을 찾으려고 한다. 핵 발전을 둘러싼 '에너지 정치'이자 '생명의 정치'인 셈이다. 한마디로 생명을 담보로 도박을 하는, 바람직하지도 않고 불가피하지도 않은 핵 발전이라는 에너지 선택을 멈춰야 하고 멈출 수 있다고 생각한다. 우리는 핵 에너지를 선택하라고 정부에 위임한 적이 없다.

황우석, 광우병, 천안함, 구제역……. 이렇게 한국 사회를 뒤흔든 굵직한 사건들에는 한 가지 공통점이 있다. 구체적인 내용이 모두 다르지만 사건이 전개될수록 '전인민의 과학기술 지식 무장화'로 이어졌다는 점이다. 물론 나쁜 일은 아니다. 사회적 공론화가 합리적, 사전 예방적으로 그리고 투명하게 진행됐으면 불필요한 갈등과 손실을 줄일 수 있었겠지만, 사후적이라도 교훈을 얻었다면 불행 중 다행일 테니 말이다.

이번에도 비슷한 모양새로 흘러가고 있다. 많은 국민이 '가압 경수로'니 '시버트'니 쉽지 않은 전문 용어들을 습득한다. 그렇지만 왜 우리는 더 안전하고 더 깨끗하고 더 경제적인 에너지 대안을 옆에 두고서도, 원자력 중독에서 아니 그 신화에서 헤어 나오지 못하는지 제대로 따지는 게 더 중요하다. 지금 논의되는 주요 담론이 또 다른 '원전 안전 신화'를 생산하고 있기 때문이다. 좀더 기술을 개량하면, 좀더 안전하게 관리하면, 우리 원전은 안전해진다는 '원전 근본주의'에 빠져 있기 때문이다. 세상에 안전한 원전은 없는데도 말이다.

다섯 명의 필자들은 핵 발전을 다양한 측면에서 다루려고 노력했다. 그러나 만성적인 핵 위험에서 살다보니 오히려 그 위험이 대수롭지 않게 여겨질 정도가 된, '원전 공화국'이라는 비정상 상태를 오히려 정상 상태로 착각하는 더 큰 위험을 공통적으로 지적한다. 나아가 탈핵의 전망과 전환 방안을 검토하고, 탈핵 시나리오를 제안하려고 머리를 맞댔다. 핵 없는 세상을 바라는 사람들도 언제 어떻게 그것이 가능할지 답을 찾으려 했지만 쉽지 않았다. 이 책이 탈핵은 멀리 있는 이상이 아니라 가까운 미래에 실현될 현실이라고 더욱 굳게 생각하는 데 도움이 된다면, 우리의 목적은 절반 정도 달성되는 셈이다. 두말할 나위 없이 핵 발전의 불가피성을 수용하는 사람들이 탈핵 흐름에 동참한다면 더욱 반가운 일이다. 마지막으로 나머지 절반은 이 비전과 제안을 더 많은 사람들과 나누면서 부족한 부분을 채우는 사회적 공론화로 이어져 마침내 한국도 탈핵 국가 반열에 오르는 것이다.

그럼 후쿠시마 사태 이후 우리 사회에서 나타난 몇몇 징후들을 돌아보기 위해 다음 네 가지 장면을 살펴보자.

장면 1 — '우리 원전은 안전하다'

후쿠시마 사태를 타산지석으로 삼아 한국에도 원전 안정성을 다시 생각하는 분위기가 조성됐다. 정부는 현재 가동 중인 원전의 안전 점검에 착수했다. 그런데 뭔가 찜찜하다. 시종일관 '우리 원전은 안전하다'고 강변하는 정부의 태도 때문이다. 앞서 언급한 것처럼, 현재 31개 원전 국가에서는 두 가지 바람이 불고 있다. 핵에서 벗어나려는 거대한 태풍이 있는 반면 핵에 안주하려는 미풍도 있다. 한국은 후자에 속하는데, 원전 업계, 관료, 학계, 언론의 카르텔인 이른바 '원자력 마피아'가 주도하는 '원전 안정성' 프레임에는 기존 정책을 '재검토'할 의지가 없기 때문이다. 독일, 스위스, 중국, 대만 등 다수 원전 국가들에서 원전 수명 연장 유보, 노후 원전 교체 보류, 신규 원전 건설 재검토를 선택하는 데 비해, 한국은 러시아, 인도, 프랑스와 함께 원전 '생명 연장의 꿈'을 버리지 않고 있다. 원자력 의존 에너지 체계는 손대지 않고 단지 안전 체계만 점검하겠다는 것이다.

일본 역시 이번 사고 전에 후자 그룹의 선두 주자였는데, 2007년 지진 안전 지대라고 알려진 니가타 현의 지진으로 그 지역 원전에서 방사성 물질이 누출되는 사건이 발생하기도 했다. 그 사건은 '원전 선진국', 일본의 핵 역사라 할 만한 '히로시마에서 후쿠시마까지'에서 하나의 에피소드에 불과했다.

한편 한국 정부는 전력 생산량의 30~40퍼센트대를 유지하는 원자력을 2030년까지 59퍼센트(약 40기 추가 건설)로 높일 계획을 세웠다. 현재 7기가 건설 중이고 6기가 계획 중이다. 추가로 진행되고 있는 신규 부지 선정에 울진, 영덕, 삼척이 유치 의사를 밝혔다. 한국수력원자력은 이 중 2개 지역을 건설 부지로 확정한다는 계획을 갖고 있다. 그러나 선거 국면으로 이어지면서 지역별 논란이 커져 난항이 예고되고 있다. 여론 조작까지 하면서 핵 발전소를 유치하려는 일부 지방자치단체들과 정치인들에 대해 유권자들이 등을 돌리고 있는 것이다. 우리 사회도 바야흐로 '핵'이 정치 의제로 부각되고 있다.

장면 2 — '평화적 핵 이용 동의, 후회하다'

스리마일과 체르노빌은 핵 발전 위험의 뼈아픈 상징으로 남아 있다. 망각의 힘 때문인지, 아니면 원전 사고가 자동차 사고율보다 낮다고 여기기 때문인지, 그것도 아니면 부산 기장, 경북 경주, 전남 영광, 경북 울진, 이렇게 네 곳에 위치한 21기의 원전이 자신의 주거지와 충분히 멀리 떨어져 있다고 판단한 탓인지 몰라도, 핵 발전의 필요성이나 불가피성을 인정하는 사람이 적지 않다.

어쩌면 '깨끗하고 안전하고 값싼 원자력'이라는 주입식 교육과 한국원자력문화재단의 연간 100억 원이 넘는 광고에 익숙해진 까닭에 마음의 평화를 얻고 있는지 모른다. 그러나 교과서에 기록된 대형 사고 말고도 원전 국가들에서는 무려 400개가 넘는 위험천만한 사고들이 발생했다. 국내에서도 고리 1호기 상업 운전을 시작한 1978년부터 2007년까지 398건의 고장 정지 사고가 발생했다. 또한 후쿠시마 사태로 발전할 뻔한 사고들도 뒤늦게 공개된 적도 있다.

1996년에 작성한, 어느 일본 원전 건설 현장감독의 고백 편지가 이번 사태로 다시 유명세를 타고 있다. 그 사람은 평생의 경험을 바탕으로 후쿠시마 원전을 포함한 일본 원전 정책에 관해 이렇게 정리했다. '평화적 핵 이용은 불가능하다.' 그런데도 핵'무기'의 파괴성은 반대하면서도, '평화적 이용'이라는 이유로 핵 '발전'의 파괴성은 묵인하는 경우가 많다. 이런 태도를 반성하는 한국의 어느 평화운동가의 공개 선언이 변화의 전조이기를 바란다.

'죽음의 땅', '사망자 10만 명' 등 어떤 식으로 말하더라도, 신기술을 도입하면 그 위험이 발생할 가능성을 전부 없애거나 줄일 수 있다고 주장한다. 심지어 걷잡을 수 없는 후쿠시마 사태를 보면서도 안전성을 앵무새처럼 반복하는 사람들이 있다. 이 사람들은 '우리' 원전은 안전하다고 말한다. 그러나 이미 많이 지적된 것처럼 원자로 형태의 차이가 안정성을 보장하지 않으며, 한국 역시 지진 안전 지대가 아니다.

핵 사고는 그 영향력이 시공간적으로 광범위하다. 일본뿐만 아니라 한국과 중국, 멀리는 미국과 유럽까지 방사성 농도가 급격히 증가할 정도로 광범위하고, 장기 지속된다. 또한 한국, 일본, 중국(동부) 3국은 원전 밀집도(약 90기)가 높아 새로운 '화약고'가 될 가능성이 높다.

이제는 직접적인 피폭 위험뿐만 아니라 비, 토양, 바다, 먹을거리를 통해 이차적으로 인체 그리고 미래 세대에 미치는 영향을 다루는 뉴스도 늘고 있다. 안타깝게도 체르노빌처럼 그 지역이 언제 옛 모습으로 복구될 수 있을지 짐작하기 어려운 상황이다.

핵 에너지의 역사는 안전 문제를 해결하는 것이 아니라 최대한 은폐하고 봉합하는 기술의 발전사라 할 수 있다. 또한 핵폐기물을 2만 년이 넘는 오랜 세월 동안 안전하게 보관할 방법은 없다. 미국의 B급 영화인 〈이디오크러시idiocracy〉(마이크 저지 감독, 2006년)는 2500년대를 배경으로, 제목처럼 우민화된 미국 사회를 다룬다. 물 대신 게토레이를 마시고, 심지어 식량 재배에도 사용할 정도다. 그 세상 사람들에게는 해결해야 할 문제가 쓰레기 산으로 변한 도시만큼이나 많다. 그 문제들 중 하나가 바로 핵인데, 대통령조차 정체를 모르겠다고 투덜거린다. 거대한 곳에서 뭔가가 계속 나오는데 그것을 막을 수 없다고 하소연한다. 이렇듯 핵 위험은 관리될 수 있는 성질의 것이 아니라 그 자체에 내재되어 있다.

장면 3 — '원자력은 그린 에너지다'

이번 사태를 접하면서 단지 안전 점검 강화로 때우려는 전문가들은 안전에 대한 기술주의와 관리주의라는 확고한 신념에 더해 '원자력= 그린 에너지'라는 공식을 새롭게 쓰고 있다. 어느 원자력공학과 교수는 방송에서 '그래도 원자력은 그린 에너지'라고 섬뜩한 주장을 한다. 일본 상황을 보면서도 그런 말이 나올까 싶다. 사람 죽이는 '녹색'이 가능한가? 길어야 80년 남은 고갈 자원인 우라늄이 지속 가능한가?

이런 주장은 무엇보다도 '원자력 르네상스'라는 허구적 신화에 기반한다. 기후변화에 대응하기 위해 온실가스를 적게 배출하는 원자력을 확대하는 것이 해법이라는 담론이다. 2007년 미국의 조시 부시 대통령이 "깨끗하고 안전한 원자력의 이용을 늘리겠다"고 선언한 것을 시작으로, 장밋빛 환상이 터져나왔다. 기후변화에 대처하는 청정한 대안 에너지로 '원자력' 띄우기에 나선 것이다. 국제 원자력 마피아가 몇 년 전부터 이런 환상을 유포하고 있는데, 사양길에 접어든 원전 산업을 되살릴 의도라는 비판을 받고 있다. 그러나 업계의 줄기찬 로비에도 불구하고, 이것은 단지 희망사항일 뿐이었다. 실제 1990년대 이후 아시아와 동유럽 몇 개 국가를 제외하고는 다수 국가에서 원전은 쇠퇴기에 접어들었다. 최근 다수 선진국에서는 노후 원전 수명 연장만이 논쟁이 될 정도로, 원전 업계는 투자비를 회수하고 폐쇄 비용의 지출을 지연하려고 할 뿐, 다수는 신규 투자를 포기하고 있다. 이런 와중에 후쿠시마 사태를 기점으로 '원자력 부흥기'가 '원자력 암흑기'로 바뀔 것으로 보인다.

특히 이 주장은 온실가스 저감 효과를 과장하는 데 문제가 있다. 발전 과정만 보면 화석연료 발전에 견줘 효과가 있는 것은 사실이다. 그러나 우라늄 채굴·제련·운송, 원전 건설, 핵폐기물 처분 등 전 과정을 포함해 실증적으로 분석하면, 핵 에너지의 기후 안정화 효과는 알려진 것처럼 크지 않다. 국제에너지기구^{IEA}는 핵 에너지의 온실효과 감축 기여도를 2030년까지 10퍼센트, 2050년까지 6퍼센트로 예측한다. 반면 70~80퍼센트 감축은 에너지 효율과 재생 가능 에너지라는 진정한 녹색 에너지 시스템이 담당할 것으로 내다본다. 그런데도 한국 정부는 2030년까지 전력에서 신재생 에너지 비중을 11퍼센트로 높이는 소극적인 목표를 정해놓고 있다.

이번 '원전의 난亂'을 보면서도 우리는 법률로 규정된 '녹색기업'에 '원자력'(한국수력원자력 월성, 울진, 고리 원자력본부)이 포함된 사실을 묵과하고 넘어가야 하는 걸까? 사람 잡는 원전, 환경 잡는 원전은 재생 에너지에 관한 유일한 국제기구인 국제재생에너지기구^{IRENA}에서 녹색이 될 수 없다고 이미 밝힌 바 있다.

실제 원자력 르네상스 담론은 '원자력 경로 의존성' 심화를 노리는 꼼수에 불과하다. 대안이 되는 저탄소 발전소와 재생 에너지가 핵 에너지보다 빠른 추세로 보급되고 있다는 사실을 은폐한다. 또한 경제성과 기술력 측면에서도 허위와 과장이 심하다. 이 부분은 특히 중요하다. 핵 발전의 안정성이 다른 에너지원과 비교하기 힘들 정도로 취약한 객관적 상황에서 경제성과 기술력 우위를 들고 나오는 사람들이 있기 때문이다.

국가별 맥락에 따라 차이가 있지만, 경제성에서도 핵 발전이 절대적인 우위를 보이지 않는다. 한국 역시 '핵연료 주기'를 종합적으로 계산하면 원전 경제성을 입증하기는 어렵다. 2008년에 OECD 산하 원자력에너지기구[NEA] 역시 원전 정책이 직면할 문제점을 논의하면서 안전 문제뿐만 아니라 경제적 측면에서도 불확실하다고 지적했다.

또한 1950년대 원전 상업화 당시 업체들이 공언한, 초기 정부 지원만 있으면 곧바로 원전 시장은 독립할 수 있다는 약속은 지금까지 지켜지지 않고 있다. 직간접 보조금이 없다면 생존이 불투명한 전력 시장인 셈이다. 따라서 세금이나 민간 투자가 대안적 에너지 기술 분야에 투입된다면, 이미 빠르게 성장하고 있는 저탄소 에너지 시장은 더욱 탄력을 받을 것이다.

그런데 한쪽에서는 이 문제에 이중 잣대를 들이댄다. 원자력은 기술로 위험을 제거할 수 있다고 하면서, 재생 에너지 분야는 아직 기술이 부족하다고 한다. 일본이 기술력이 부족해서 이번 사건이 발생한 것이 아니다. 그리고 세금이든 기업 투자든 핵 발전에 투자한 만큼 재생 에너지에 투자한다면 비용 효율적인 산업이 된다. 10퍼센트에 투자할 것인가? 아니면 80퍼센트에 투자할 것인가? 답은 뻔하다.

또한 핵 발전 확대는 에너지 과소비를 초래한다. 핵 발전은 특성상 한 번 가동하면 특별한 경우를 제외하고 정지하거나 조절하기가 힘들다. '원전 증설'은 대표적인 공급 위주의 에너지 정책인데, 과잉 생산으로 남아도는 전력을 싼 값에 쓰게 만들어 전력 소비를 부추긴다. 그 결과 겨울철 전력 피크 같은 기현상이 반복된다. 그런데도 전력 부족 현상을 원전 증설의 근거로 제시하는 웃지 못할 일들이 벌어진다. 10년 정도 걸리는 원전 건설 기간 동안 수요 예측은 불확실할 수밖에 없어 발전 설비 과잉과 부족 사태가 반복되고 있다.

장면 4 — '해외 자원 개발에 나서야 한다'

국내 핵 마피아의 수세적인 대응에 견줘 석유·가스 등 '해외 자원 개발'쪽의 대응은 좀더 공세적이다. 에너지 개발 기업들의 이익집단인 해외자원개발협회의 한 인사가 어느 국회 토론회에 나왔다. 원자력 발전에 위기가 왔으니 해외 화석연료 개발이 더욱 중요해지고 있는 것 아니냐, 그러니 정부의 지원(사실상 특혜)이 더 강화돼야 한다고 주문했다. 그것도 기업 비밀주의의 문제점과 투명성을 다루는 자리에서 말이다.

한국은 에너지 수입 의존도가 97퍼센트에 이르는데, 최근 (실제 국내에 수입되는 것과 무관하게) '자주개발률'을 높인다는 명분으로 공기업을 비롯한 대기업들이 해외에서 석유나 가스를 개발하거나 관련 기업의 인수나 합병에 열을 올리고 있다. 부존 자원이 거의 없는 나라에서 '에너지 자립'은 에너지 효율을 개선하고 재생 가능 에너지 보급을 늘리는 것인데도, 국내에 들어오지도 않는 '종이로 쓴 석유'에 매달리고 있는 셈이다. 기후변화의 대안이라던 핵 발전이 위태롭게 되자 기후 오염의 최대 책임자들이 자신의 세를 키우려는 상황이다.

핵 없는 세상은 가능하다

과연 우리에게 핵 에너지 아니면 화석 에너지 말고는 현실적인 대안이 없는 것일까? 물론 있다. 앞서 핵 에너지의 안전성, 청정성, 경제성을 다루면서 그 대안으로 언급한 탈핵과 에너지 전환이 해답이다. 물론 당장 모든 원전의 전력 기능을 정지시킬 수는 없다. 우선 필요한 것은 해외 사례처럼 탈핵과 전환의 비전이다. 수명이 다한 노후 원전의 가동을 연장하지 않고 2030년까지 단계적 폐쇄를 선언하며, 에너지 수요 정책과 재생 에너지 전환 계획을 총동원해 진정한 저탄소 녹색사회로 향하는 것이 그 시작이다.

이런 변화를 위해 2004년 참여연대 시민과학센터가 주도한 '시민합의회의'의 경험을 확대해 도입할 필요가 있다. 원전을 비롯한 에너지 정책에 대한 충분한 정보를 제공받고 자유로운 토론이 가능했던 시민 패널들은 '원전 신규 건설 중단과 재생 에너지 개발'이라는 검토 의견을 제출했다. 새로운 실험으로 그쳤지만, 유럽의 원전 단계적 폐쇄 결정 과정을 연상시킬 정도로 의미 있는 모델이었다. 각종 대형 사고와 정치사회적 변화로 촉발된 탈핵 흐름을 타고, 원전 경험 국가 중 오스트리아, 이탈리아, 스웨덴, 벨기에, 네덜란드, 스페인, 독일이

10~20년 전에 그런 결정을 내렸다. 반면 이런 국제적 추세와 무관하게 '원전 공화국'을 추구하던, 세계 원자력 소비 기준 3위국인 일본은 후쿠시마 사태의 와중에도 여전히 5위 한국의 롤 모델이다. 7년 전의 실험을 사회적으로 공론화하고 정치적으로 의제화할 필요가 있다.

핵 에너지의 안전 기준과 위험 계산은 불확실성 속에서 자의적으로 결정된다. 후쿠시마 사태는 지진과 쓰나미라는 자연재해와 안전관리 부실을 포함한 원전 의존 에너지 시스템이라는 인재가 결합되어 발생했다. 이제 원자력에 집착할수록 잠재력이 풍부한 대안과 멀어진다는 사실을 깨달아야 할 때다. 우리 정부와 국민도 바다 건너 핵 폭발을 구경만 할 게 아니라, 국내에 방사성 물질이 얼마나 유입되는지 예의주시하고 국민 건강과 환경 보호를 위해 적극적인 대책을 세우는 동시에, '녹색'을 제자리로 되돌려놓고 핵 없는 세상인 '에코토피아'로 향해 나가야 한다.

우리는 에너지 위기, 기후변화 위기의 시대를 살고 있다. 기후변화의 심각성을 알리는 사람이 노벨 평화상을 받는 시대다. 원자력과 기후변화, 두 위기를 현명하게 돌파할 사회적 변화가 필요하다. 죽음의 에너지에서 생명과 평화의 에너지로!

끝으로 에너지기후정책연구소의 든든한 버팀목인 회원 여러분께 감사드린다. 이 책의 기획에 힘을 실어준 이매진 출판사, 특히 정철수 님과 기인선 님에게도 감사의 인사를 전한다.

이정필

평화로운 핵 이용은 가능한가
핵 에너지 이용의 짧은 역사

·

김명진

지금은 한물간 용어가 됐지만, 원자력을 '제3의 불'이라고 부른 때가 있었다. 원시 시대에 인류가 처음으로 불의 사용법을 익힌 것이 제1의 불이고, 산업혁명기에 석탄을 사용한 증기 기관을 동력으로 이용하기 시작한 것이 제2의 불이라면, 20세기 들어 인류가 활용하기 시작한 원자력은 그 뒤를 잇는 제3의 불이라고 부를 수 있다는 것이었다. 이런 단계 구분에는 원자핵이 깨질 때 얻어지는 에너지를 동력으로 이용하는 것이 문명의 발달과 기술의 발전에 따른 자연스러운 결과라는 사고방식이 암암리에 숨어 있다.

그러나 원자력을 처음 이용하게 된 역사적 맥락을 돌이켜보면 동력 이용의 발달 단계에 따른 필연성은 찾아볼 수 없다. 제1의 불이 추위와 허기를 면하기 위한 원시 인류의 필요에서 비롯됐고, 제2의 불이 이전까지 연료로 쓰던 목재의 고갈과 가격 폭등에서 불가피하게 파생된 결과인 반면, 이른바 제3의 불로 불리는 원자력은 그런 종류의 사회적 요구 때문에 등장한 것이 아니었다. 이전까지 쓰던 석탄과 석유 자원의 고갈이 새로운 동력원의 탐색으로 이어져 등장한 산물이 아니라는 말이다. 원자력의 등장은 그 근원부터 철저하게 군사적인 요구가 빚어낸 결과물이었고, 그 뒤 시작된 '평화적' 이용 역시 그런 태생적 한계에서 자유로울 수 없었다. 원자력 이용의 기원을 이해하기 위해 우리는 최초의 원자폭탄을 만들어낸 2차 대전기의 맨해튼 프로젝트로 되돌아가야 한다.

핵분열 현상과 연쇄 반응의 발견

원자핵 내에 숨은 막대한 에너지를 끄집어낼 수 있다는 생각은 2차 대전이 발발하기 직전인 1938년 말, 독일 베를린에 있던 물리학자 오토 한과 분석화학자 프리츠 슈트라스만의 실험으로 거슬러 올라간다. 당시 물리학자들은 원자핵의 구조를 이해하기 위해 새롭게 발견된 아원자 입자인 중성자를 원자핵에 쏘아넣고 그 결과를 관찰하는 실험(일명 중성자 포격 실험)을 하고 있었다. 한과 슈트라스만이 특히 주목한 것은 원자번호 92로 당시까지 주기율표상에서 가장 무거운 원소였던 우라늄에 대한 중성자 포격 실험이었다. 두 사람은 여기서 나온 반응 생성물에 대한 정밀한 화학 분석을 통해 우라늄의 중성자 포격에서 원자번호 56인 바륨이 생성된다는 믿을 수 없는 결과를 얻었다.

이것은 이전까지 물리학계의 정설을 벗어나는, 언뜻 말도 안되는 결과로 보였다. 200개가 넘는 양성자와 중성자가 모여 만든 우라늄의 거대한 원자핵이 중성자 한 개에 의해 거의 반으로 쪼개진다는 것은 마치 유리창을 뚫고 들어온 야구공이 집을 반으로 쩍 갈라놓는 것만큼이나 일어날 법하지 않은 일로 생각됐기 때문이다. 한은 이 사실을 당시 나치의 유대인 박해 때문에 스웨덴으로 피신해 있던 동료 물리학자 리제 마이트너에게 알리고 이론적인 설명을 요청했다. 마이트너는 조카인 오토 프리쉬와 함께 이 문제를 곰곰히 생각해본 뒤, 우라늄 원자핵이 중성자 포격을 받고 바륨과 크립톤으로 쪼개지며 이때 생기는 질량 결손(양자 질량의 5분의 1 정도)은 200MeV(2억 전자볼트)에 해당하는 막대한 에너지로 방출된다는 결론을 얻어냈다 ($U_{92}+n \longrightarrow Ba_{56}+Kr_{36}+E$). 알기 쉽게 비유하자면 우라늄 원자핵 하나가 깨질 때 나오는 에너지가 눈에 보이는 모래알 하나를 폴짝 뛰어오르게 하는 데 충분할 정도의 크기였다(참고로 우라늄 1그램에는 대략 2.5×10^{21}개의 원자핵이 있다).

이 발견은 곧 독일과 영국의 전문 학술지에 실렸고, 당시까지만 해도 그리 규모가 크지 않던 물리학 공동체 안에서 순식간에 퍼져나갔다. 소식을 들은 사람들은 이내 그것이 지닌 엄청난 의미를 알아차렸다. 1905년 알베르트 아인슈타인이 특수 상대성 이론에서 도출해낸 역사상 가장 유명한 공식 '$E=mc^2$'에서 예견한, 물질 속에 압축된 엄청난 에너지를 방출시킬 수 있는 물리 반응이 발견된 것이었다. 물리학자들은 우라늄의 이런 반응에 핵분열^{nuclear fission}이라는 이름을 붙였다. 하지만 핵분열을 통해 큰 에너지를 얻으려면 또 하나의 가정이 필요했다. 만약 중성자 하나가 우라늄 원자핵 하나만을 분열시키고 만다면, 많은 수의 원자핵을 분열시키기 위해서는 아주 많은 수의 중성자가 필요하게 될 것이다. 그러나 만약 핵분열 반응 자체에서 두 개 이상의 여분의 중성자('2차 중성자')가 나온다면 이것들이 가까운 우라늄 원자핵 두 개를 분열시키고 거기서 다시 네 개의 여분의 중성자가 나오고 하는 과정을 반복해 중성자를 추가로 투입하지 않고도 반응은 기하급수적으로 커지며 지속될 것이다. 물리학자들의 관심은 2차 중성자의 존재 여부에 쏠렸고, 1939년 3월에 프랑스의 프레드릭 졸리오(마리 퀴리의 사위)와 나치를 피해 미국으로 망명해 있던 레오

질라드가 서로 독립적으로 2차 중성자의 생성 사실을 밝혀냄으로써 이제 연쇄 반응chain reaction의 가능성 여부는 의심할 수 없는 것이 됐다. 물리학자들은 대략 80차례의 핵분열 반응이 연쇄적으로 일어날 경우 우라늄 덩어리 1킬로그램(골프공보다 크기가 더 작은)이 대략 TNT 2만 톤에 해당하는 위력으로 폭발할 것으로 내다보았다.

원자탄 개발 계획이 진행되다

1939년 9월, 독일이 폴란드를 침공하면서 2차 대전이 발발했다. 전쟁이 터지자 미국과 영국의 망명 과학자들은 핵분열 현상이 발견된 곳이 나치 독일의 심장부인 베를린이었다는 점에 주목했고, 만약 핵분열 연쇄 반응을 이용한 폭탄이 히틀러의 수중에 들어간다면 전세계에 돌이킬 수 없는 재앙이 빚어질 거라고 걱정했다. 이 중 질라드와 유진 비그너 같은 일부 과학자들은 역시 미국으로 망명와 있던 아인슈타인을 움직여 루즈벨트 대통령에게 이런 사실을 경고하는 편지를 쓰게 하기도 했다. 그러나 개전 후 2년 동안 폭탄 연구와 지원은 지지부진했다. 짧은 시간 안에 폭탄을 만들어낼 가능성에 대해 상당수 과학자들이 여전히 회의적인 태도를 보이고 있었기 때문이었다.

이런 상황에 결정적인 변화를 가져온 것은 1941년 가을에 미국 정부에 전달된 일명 〈모드 보고서〉였다. 영국 과학자들이 작성한 보고서는 우라늄의 동위원소인 우라늄 235를 이용한 핵분열 폭탄을 만드는 것이 실제로 가능하다는 내용을 담고 있었다. 아울러 이 해에는 또 다른 핵분열 물질로 쓸 수 있는 원자번호 94인 새로운 원소 플루토늄을 글렌 시보그가 발견했다. 이런 상황에 자극받은 미국 정부는 진주만 습격이 있기 하루 전인 1941년 12월 6일에 원자탄 개발 계획을 추진하기로 결정했다.

1942년 6월부터 미 육군이 원자탄 개발 계획을 관장하게 되면서 '맨해튼 공병 지구Manhattan Engineering District'라는 암호명이 붙었다. 프로젝트 전체의 책임은 미 육군 공병대 출신의 레슬리 그로브즈 준장이 맡게 됐다. 그로브즈는 천연 우라늄 광석을 충분히 확보하려 노력하는 한편으로, 핵분열 물질인 우라늄 235와 플루토늄을 임계질량(핵분열 연쇄 반응이 일어날 수 있는 최소 질량) 이상으로 수집하기 위한 대규모 설비 마련에 착수했다. 극비리에 엄청난 자금을 들여 테네시 주 오크리지에 우라늄 235를 천연 우라늄에서 분리 농축하는 거대한 공장을 여럿 지었고, 워싱턴 주 핸퍼드에는 우라늄 핵반응을 일으키는 원자로와 핵반응 생성물에서 플루토늄을 분리하기 위한 대규모 공장들이 들어섰다. 아울러 최종 폭탄 설계와 조립을 책임질 인물로 젊은 이론물리학자 로버트 오펜하이머를 선정했고, 1943년 3월부터는 오펜하이머의 조언에 따라 폭탄 설계 연구를 수행할 외딴 연구소를 뉴멕시코 주의 황량한 고지대인 로스앨러모스에 건설했다. 로스앨러모스에는 여러 명의 노벨상 수상자들을 포함한 3000여 명의 과학자들이 모여 폭탄의 내부 구조를 설계하고 핵분열 물질의 임계질량을 계산하는 연구에 밤낮없이 몰두했다.

모두 20억 달러에 이르는 막대한 예산을 쏟아부은 맨해튼 프로젝트의 결과, 1945년 7월 16일에 뉴멕시코 주 사막 한가운데의 트리니티 실험장에서 인류 역사상 최초의 원자폭탄 실험에 성공했다. 그러나 이때쯤에는 미국과 영국이 필사적으로 원자폭탄 제조에 나서게 된 동인이 이미 사라진 뒤였다. 독일이 전쟁 기간 내내 폭탄 연구에서 별반 진전을 보지 못한데다가 실제 폭탄 제조에는 전혀 근접하지도 못했다는 사실이 이미 1944년 말부터 알려져 있었고, 게다가 독일은 1945년 5월에 이미 항복한 상황이었다. 폭탄의 투하 목표는 태평양 전선에서 아직 완강하게 버티고 있던 일본으로 돌려졌다.

일본에 원자탄을 투하하는 계획은 상당한 반감을 불러일으켰다. 독일과 달리 일본은 원자탄을 만들어낼 능력이 결여된 것으로 여겨졌고, 이미 일본은 해군과 공군력을 거의 잃어 저항할 힘을 사실상 상실한 시점이었기 때문이다. 특히 시카고에 있던 질라드와 제임스 프랑크 같은 과학자들은 대통령에게 올리는 탄원서 형식을 빈 일명 〈프랑크 보고서〉를 작성해, 폭탄을 일본에 떨어트리는 대신 제3국의 참관 아래 무인도에서 실험해 일본의 항복을 유도하고, 동시에 전후 핵무기의 국제적 통제 방안 마련에 나서야 한다고 역설했다. 원자탄 제조에 관한 사항이 결코 비밀이 될 수 없다는 점을 잘 알고 있었기에 머지않아 미국의 핵 독점이 깨지면 위험천만한 무한 군비 경쟁의 시대가 도래할 것을 염려한 것이다.

그러나 당시 이런 의견에 동조한 사람들은 소수였다. 오펜하이머를 비롯한 로스앨러모스의 과학자들 대다수는 자신들의 연구 성과를 알리고 싶은 생각에서, 프로젝트를 책임진 그로브즈 장군과 육군

장관 헨리 스팀슨은 20억 달러라는 막대한 돈을 예산 심의도 받지 않고 써버린 것을 의회에 변명하기 위해서, 해리 트루먼 대통령과 제임스 번즈 국무장관은 일본에 조속한 승전을 거두어 극동에서 소련의 영향력이 커지는 것을 막기 위해서 각각 원자탄 투하에 찬성했다. 결국 1945년 8월 6일에는 히로시마에 '리틀 보이Little Boy'라는 이름의 우라늄 폭탄이, 8월 9일에는 나가사키에 '팻 맨Fat Man'이라는 이름의 플루토늄 폭탄이 각각 투하됐다. 두 도시에서 그해 말까지 20만 명이 넘는 사람들이 목숨을 잃었고, 이후에도 수많은 사람들이 방사능의 후유증으로 고통받게 됐다. 8월 15일 일본이 무조건 항복함으로써 2차 대전은 종말을 고했다.

전후의 군비 경쟁과 '과학자의 사회적 책임'

2차 대전이 끝난 직후 미국의 군부나 정치인들은 다른 나라가 독자적으로 원자폭탄을 개발하려면 적어도 20년은 걸릴 것으로 내다보았다. 이런 판단에 근거를 둬 우라늄 농축이나 원자로 같은 핵무기 관련 기술을 다른 나라에 알려주지 않았다. 미국은 핵 독점이 당분간 유지될 수 있을 것으로 판단했다. 그러나 이런 낙관적 예측은 소련이 1949년에 핵 실험에 성공했다는 첩보가 입수되면서 불과 4년 만에 무참히 깨지고 말았다. 소련이 단기간에 원자탄 개발에 성공을 거둔 데는 독자적인 연구 개발 노력도 있었지만, 로스앨러모스에 클라우스 푹스 같은 소련 스파이가 있어 맨해튼 프로젝트의 진행 상황을 자세히 전달해줬기 때문이기도 했다.

소련의 원자탄 개발 소식은 미국에 심리적 공황 사태를 불러왔고, 원자폭탄보다 수천 배 더 강력한 수소폭탄을 개발해야 한다는 주장에 힘을 실어주었다. 수소폭탄은 핵분열이 아니라 수소와 중수소의 열핵융합 반응(태양의 중심부에서 일어나는 것과 동일한)에서 방출되는 에너지를 이용하는 것으로, 이론적으로는 거의 무제한의 위력을 가진 폭탄을 만들 수 있었다. 오펜하이머를 비롯한 상당수 과학자들은 수소폭탄의 개발 가능성을 회의적으로 판단했고, 설사 만들어낸다 해도 군사적 유용성이 거의 없을 것으로 보아 개발에 반대했다. 그러나 이듬해 터진 한국전쟁이 일반 대중과 정치인들의 불안감을 증폭시키면서 수소폭탄 개발이 필요하다는 주장에 힘이 실리게 됐다. 수소폭탄 개발에서는 맨해튼 프로젝트에 참여한 헝가리 출신의 물리학자 에드워드 텔러가 주도적인 구실을 했다. 미국은 1952년에 처음으로 수소폭탄 실험에 성공했고, 뒤이어 소련도 1953년에 수소폭탄 개발에 성공해 본격적인 핵 군비 경쟁의 막이 올랐다. 미국과 소련은 핵무기의 위협을 통한 전쟁억지nuclear deterrence라는 명목 아래 1980년대 말까지 인류 문명을 몇 번이고 종식시키고도 남을 수만 발의 핵무기를 경쟁적으로 만들어냈다.

이 과정에서 대부분의 과학자들은 핵무기 개발에 찬성하거나 국가 안보를 위해서 필요하다는 식의 소극적인 태도를 취했다. 그러나 모든 과학자들이 그런 것은 아니었다. 2차 대전이 끝난 직후부터 과학자들은 시카고를 중심으로 원자과학자연맹(그 뒤 미국과학자연맹

Federation of American Scientists 으로 개칭)을 결성하고 《원자과학자회보 Bulletin of Atomic Scientists》를 발간해 핵무기의 국제적 통제와 핵확산 방지를 위해 활동하기 시작했다. 아인슈타인은 세상을 뜨기 직전인 1955년 7월에 철학자 버트런드 러셀과 함께 인류 절멸의 위기를 경고하고 핵전쟁 회피를 호소한 '러셀-아인슈타인 선언'을 발표했고, 이 선언의 정신을 이어받아 1957년에는 영국의 물리학자 조셉 롯블랫의 주도 아래 '과학과 세계 문제에 관한 퍼그워시 회의'가 출범했다. 노벨화학상을 수상한 화학자 라이너스 폴링은 1950년대 중반부터 핵 실험 중지를 국제 사회에 호소하는 캠페인을 정력적으로 전개해, 결국 1963년 대기 중, 바다 속, 우주 공간에서 핵 실험을 금지한 제한핵실험금지조약[TBT]이 체결되게 하는 데 중요한 구실을 했다(이런 공로를 인정받아 폴링은 1962년에, 롯블랫과 퍼그워시 회의는 1995년에 각각 노벨 평화상을 수상했다). 이런 사례들은 핵무기의 개발이 과학자 공동체에 과학자의 사회적·도덕적 책임이라는 중대한 의제를 새롭게 던져주었음을 엿볼 수 있게 해준다.

핵 에너지의 '평화적' 이용의 역사

그렇다면 핵 에너지의 군사적 이용(폭탄)하고는 구분되는 평화적 이용(전력 생산)은 어떻게 시작된 것일까? 이것을 이해하려면 다시 2차 대전이 끝난 직후인 1940년대 말로 되돌아가야 한다. 2차 대전 종식과 함께 전시에 막대한 예산을 들여 극비리에 운영되던 맨해튼 프로젝트가 종료되면서, 그로브즈 휘하의 육군이 관리하던 오크리지, 핸퍼드, 로스앨러모스 등에 있는 엄청난 설비와 인력을 통제하는 일이 중요한 과제로 대두됐다. 상원의원 브라이언 맥마혼이 발의한 일명 '맥마혼 법안'에 따라 1947년에 설립된 원자력위원회AEC, Atomic Energy Commission가 이 일을 담당하게 됐고, 맨해튼 프로젝트 산하의 생산 설비들과 연구소들에 대한 관리 책임도 이곳으로 이전됐다.

전쟁이 끝난 뒤 원자 과학자들은 부분적으로 자신들이 원자폭탄을 만들어내 엄청난 인명을 살상했다는 사실에 대한 죄책감 때문에, 핵 에너지를 파괴 목적이 아닌 평화적 용도로도 사용할 수도 있다고 시사했다. 가령 우라늄과 플루토늄을 열과 증기를 만드는 값싼 연료로 이용해 발전소의 터빈을 돌리거나 배와 잠수함 등 운송수단의 엔진을 가동하는 데 쓸 수 있다는 것이었다. AEC는 군사적 용도와 (앞으로 생겨날) 비군사적 용도의 핵 에너지 이용을 모두 관장하는 이중의 임무를 맡게 됐다.

그러나 핵 에너지의 평화적 이용은 금방 실행에 옮겨지지 않았다. 냉전 초기에 미국과 소련 사이의 긴장이 커지면서 AEC의 사업 우선순위는 군사적인 방향, 즉 원자폭탄의 양산 체제를 마련하는 데 치우쳤고, 전력 생산용 원자로 개발은 계속해서 뒤로 밀리고 있었다. 이런 상황에서 1950년대 미국의 상업용 원자력 발전소 도입을 부추긴 것은 역설적이게도 미 해군의 핵 잠수함 개발 노력과 1949년 소련의 원자탄 개발 성공에 따른 미소의 역관계 변화였다. 핵 에너지의 '평화적' 이용은 다름 아닌 군사적이고 체제 대결적인 여러 계기들에 의해 추동되었던 것이다. 그리고 1960년대까지 서구 사회를 풍미한 핵 에너지의 미래에 대한 무한한 낙관은 핵 에너지의 이용 확대를 지탱하는 동력이 됐다.

하이먼 리코버와 미 해군의 핵 잠수함 개발

2차 대전기의 맨해튼 프로젝트는 공식적으로 미 육군 소관이었다. 따라서 전쟁 기간 동안 해군은 핵무기 개발 계획에서 소외되어 있었다. 전쟁이 끝난 뒤 해군은 핵 에너지 개발에서 더는 뒤처져서는 안 된다고 판단하고 핵 에너지를 이용해 추진력을 얻는 잠수함의 개발에 착수했다. 그때까지 모든 잠수함은 디젤 엔진을 이용했지만, 일단 잠수하고 나면 연료의 연소에 필요한 산소를 얻을 수 없기 때문에 전지를 써서 추진력을 얻어야 했다. 따라서 잠수함의 작전 수행 시간이나 잠수 심도는 상당히 제한되어 있었다. 원자로에서 에너지를 얻는 핵 잠수함은 이 문제를 해결할 수 있는 유력한 방안으로 생각됐다.

해군의 핵 잠수함 개발 프로젝트에서 결정적인 구실을 한 사람은 해군 공병 장교였던 하이먼 리코버 대령이었다. 리코버는 해군 안에서 기술적 능력을 높이 인정받고 있었고, 어떤 프로젝트를 맡았을 때 전력을 다해 밀어붙이는 저돌적 태도로 악명을 떨치던 인물이었다. 1946년에 오크리지의 클린턴 연구소로 파견 나갔다가 원자로 건설과 관련된 과학기술을 접하게 된 리코버는 해군 고위층을 설득해 AEC와 해군이 공동으로 핵추진 잠수함 개발 계획에 나서게 했고, 자신이 그 프로젝트의 책임을 맡았다.

리코버가 가장 먼저 맞닥트린 문제는 잠수함에 탑재할 원자로의 종류였다. 당시는 핵 에너지를 이용하는 초창기였기 때문에 냉각재로 다양한 물질들을 이용하는 원자로들을 폭넓게 실험하고 있는 단계였고, 과학자들은 이 중 어느 것을 선택할지를 결정하려면 더 많은 실험과 데이터가 필요하다고 생각하고 있었다. 그러나 가능한 한 빨리 핵추진 잠수함을 만들기 원한 리코버는 과학자들의 유보적인 태도를 물리치고 그중 가장 유망하다고 판단한 경수로를 사용하기로 결정을 내렸고, 웨스팅하우스 사를 끌어들여 잠수함에 쓸 가압 경수로를 만들 것을 주문했다. 이어 잠수함 승무원들을 방사능에서 보호할 수 있는 차폐 설비를 갖추고 원자로에 쓸 핵연료를 확보하고 열교환기와 제어 장치를 설계하는 등 건조 과정에서 골치 아픈 문제들을 차례로 해결해 나갔다.

이렇게 해서 1955년 1월에 쥘 베른의 소설에 나오는 가상의 잠수함 이름을 따 '노틸러스'라고 이름붙인 최초의 핵 잠수함이 시험 항해에 나섰다. 노틸러스 호는 바다에서 놀라운 성능을 선보였고, 1년도 채 안 돼 잠수 시간, 잠수 항행 거리, 잠수 심도, 항행 속도 등 거의 모든 면에서 이전의 잠수함들이 갖고 있던 기록을 갈아치웠다. 이런 대성공으로 말미암아 리코버는 국가적 명성과 열광적 지지를 받으면서 장성으로 진급했다. 그 다음 해에는 두 번째 핵 잠수함인 씨울프 호가 진수식을 했고, 1960년에는 핵 잠수함의 수가 10여 척으로 늘어났다. 리코버는 여기서 만족하지 않고 1950년대 초부터 핵추진 능력을 다른 선박으로 확대하려는 계획을 세웠다. 먼저 초점을 맞춘 것은 핵 항공모함의 건조였다. 그러나 이 시기를 앞뒤로 핵 문제를 둘러싼 미소 관계가 급격히 변화하면서 이 계획을 잠시 접어두게 되었다.

'원자력의 평화적 이용' 선언과 시핑포트 원전

냉전기의 미소 관계에 긴장을 증가시킨 변수는 앞서 설명한 1949년 소련의 원자탄 개발이었다. 이 사실은 즉각 미국 본토를 향한 소련의 핵 공격이 가져올 위험에 대한 경각심을 불러일으켰다. 그러나 이 것 못지않게 중요한 점은 소련이 핵무기와 함께 핵 에너지를 민간 용도로 이용할 수 있는 능력을 개발하고 있다는 사실이었다. 당시는 핵 에너지의 미래에 대한 유토피아적 낙관이 지배적이었고, 핵 에너지가 "사막을 옥토로 바꾸고 얼어붙은 땅에 봄을 가져올 것"이라는 식의 공상적인 예측이 풍미하던 시기였다. 따라서 만약 소련이 미국보다 앞서서 전력 생산용 원자로를 개발해 국제 시장을 선점한다면 미국에 엄청난 타격으로 작용할 터였다. 소련의 원조를 받아 원전을 도입한 국가들, 그중에서도 특히 아직 미소 어느 진영에도 가담하지 않은 제3세계 국가들 중 상당수가 소련 쪽으로 넘어가 이른바 '자유 진영'과 '공산 진영' 사이의 체제 경쟁에서 세력 균형이 무너질 수 있었기 때문이다.

위협을 느낀 미국의 국가안보회의는 AEC에 전력 생산용 원자로를 시급히 개발하라고 요청했고, 1952년에 AEC는 원자로 개발을 첫 번째 우선순위로 올려놓았다. 이어 1953년 12월의 유엔 총회 연설에서 아이젠하워 대통령은 '원자력의 평화적 이용Atoms for Peace' 프로그램을 선언하고 나섰다. 이것은 미국이 보유하고 있는 핵 기술을 인류의 번영을 위해 사용하겠다는 약속으로, 특히 개발도상국이 전력 생산용 원자로를 건설하려 할 때 미국이 원조하겠다는 내용을 담고 있었다. 그러나 표면상으로 드러난 것과 달리 이 선언의 실제 의도는 소련에 앞서 원자로 시장을 선점하고 개발도상국으로 핵 기술을 이전하면서 동시에 사찰의 명분을 만들어 핵무기가 확산되는 것을 미연에 방지하는 쪽에 초점이 맞춰져 있었다.

아이젠하워의 선언에 따라 미국은 서둘러 전력 생산용 원자로를 만들어내야만 했다. 크게 두 가지 방안이 제시됐다. 그중 하나는 당시 거의 개발 완료 단계에 있던 항공모함용 원자로를 거의 그대로 전력 생산용 원자로로 갖다 쓰자는 리코버의 제안이었고, 다른 하나는 좀더 시간을 두고 경수로와 중수로의 장단점을 숙고한 뒤에 새로운 상업용 원자로를 개발하자는 의견이었다. AEC의 원자로 개발 부서는 전력 생산의 경제성 측면에서 유리한 후자를 지지했지만, 실제 논의 과정에서는 전력 생산용 원자로를 어서 확보해야 한다는 국가 안보 차원의 고려가 경제성의 논리를 압도했고, 결국 리코버의 제안이 받아들여졌다. 리코버는 미국 최초의 상업용 원전의 건설 책임까지 맡게 됐다.

최초의 상업용 원전은 펜실베이니아 주 시핑포트에 있는 오하이오 강 인근을 부지로 정하고 1954년 9월에 기공식을 가졌다. 시핑포

원자로의 종류

핵분열에서 나오는 열과 증기를 이용해 터빈을 돌리는 원자로는 냉각재와 감속재로 어떤 물질을 사용하느냐에 따라 여러 갈래로 나뉜다. 이때 냉각재는 핵분열 물질로 들어찬 노심에서 발생하는 열을 식히는 데 쓰이는 물질을 말하며, 감속재는 핵분열에서 발생하는 중성자의 속도를 느리게 해 원자로 내에서 제어 연쇄 반응이 지속적으로 일어날 수 있게 해주는 물질을 말한다. 오늘날 전세계적으로 가장 널리 쓰이고 있는 경수로는 냉각재와 감속재로 모두 경수輕水, 즉 일반적인 물을 사용한다. 경수로는 열 전달 방식에 따라 다시 가압 경수로와 비등수로로 나뉜다. 오늘날에는 가압 경수로가 전세계 원자로의 70퍼센트 이상을 차지하고 있으며, 한국도 중수로 방식의 월성 원전을 빼면 모두 가압 경수로 방식이다. 이번에 사고가 난 일본의 후쿠시마 원전은 비등수로 방식을 채택하고 있다. 반면 1960년대에 캐나다에서 개발해 상업화한 중수로는 냉각재와 감속재로 중수重水, 즉 '무거운 물'을 사용한다(중수는 중수소[D]와 산소[O]가 결합한 것으로[D_2O], 자연계의 물 속에 대략 5000분의 1 정도의 비율로 존재한다). 그리고 1950년대 이후 영국과 프랑스에서 개발한 기체흑연로는 냉각재로 헬륨이나 이산화탄소 같은 기체를, 감속재로 흑연을 각각 사용하며, 구소련에서는 냉각재로 경수를 쓰는 RBMK 흑연로를 자체 개발했다. 이 밖에 나트륨 같은 액체 금속을 냉각재로 사용하는 원자로가 개발되기도 했다.

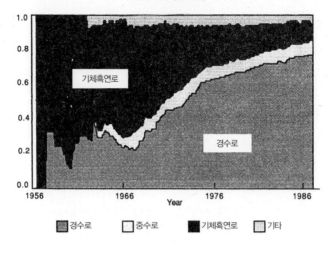

원자로 유형별 비중

기체흑연로

경수로

1956　　　　1966　　　Year　　1976　　　1986

■ 경수로　　□ 중수로　　■ 기체흑연로　　□ 기타

출처: Robin Cowan, "Nuclear Power Reactors: A Study in Technological Lock-in," *Journal of Economic History* 50: 3, 1990.

트 원전은 1957년 12월에 6만kW의 출력으로 가동을 시작했다. 그러나 전력을 판매하는 상업용 원전인 시핑포트 원전의 전력 생산 단가는 당시 화력 발전소의 10배에 이를 정도로 터무니없이 비쌌다. 애초부터 경제성을 염두에 두지 않고 설계된 항공모함용 가압 경수로를 도입할 때부터 예견된 일이었다. AEC와 아이젠하워 행정부의 정책에 비판적인 사람들은 군사용 원자로에 기반해 비군사용 원자로를 다급하게 만들려고 하다가 열등한 기술(가압 경수로)로 귀결되고 말았다는 주장을 펴기도 했다. 그 뒤 경수로는 미국의 대외 지원 프로그램에 따라 자체적인 원자로 개발 계획이 없는 유럽의 여러 나라로 수출됐고, 오늘날 전세계 원자로의 70퍼센트 이상을 차지하는 사실상의 표준으로 자리를 잡았다. 경수로와 중수로, 기체흑연로 등 서로 경쟁하던 기술 중 어느 것이 안전성이나 경제성 면에서 가장 우수한 것이었는가에 관한 논쟁은 지금도 계속 이어지고 있다.

원전 건설의 확산과 시류 영합 시장의 도래

미국 의회와 정부는 원전 산업의 빠른 발전을 촉진하기 위해 1950년대에 다양한 조치를 취했다. 먼저 1954년에는 원자력법^{Atomic Energy Act}을 통과시켜 민간 기업이 원전을 지어 소유하고 운영하는 것을 허용했다. 다만 (핵무기 재료가 될 수도 있는) 우라늄 등 핵연료는 정부가 소유하고 있다가 대여하는 형식을 취하게 했다. 그리고 AEC는 1955년에 전력 생산 원자로 시범 프로그램^{Power Reactor Demonstration Program}을 발족시켜 원자로 건설에 드는 모든 연구 개발 비용을 보조금 형태로 기업에 제공하고 핵연료인 우라늄도 일정 기간 동안 무상으로 제공하겠다는 계획을 내놓았다. 심지어 1957년에는 프라이스-앤더슨 법을 통과시켜 원전 사고가 혹시 발생할 때 전력 회사가 물어야 하는 손해 배상액을 대부분 연방 정부가 대신 내주게 하는 조치를 취하기까지 했다. 아울러 미국 정부는 1958년 서유럽 6개국이 핵 에너지 개발을 위해 공동으로 설립한 유럽원자력공동체^{Euratom}에 기술적·재정적 원조를 제공하는 협정을 체결해 원전을 해외로 수출하는 길을 열었다.

그러나 이런 노력에도 불구하고 1960년대 중반까지 10여 년 동안

전력 회사들의 반응은 냉담했고, 신규로 주문된 원전은 10여 기에 그쳤다. 그나마 대다수는 연방 정부가 적극 개입해 성사된 것이었다. 이런 결과가 빚어진 가장 큰 이유는 전력 생산 비용이 여전히 아주 비쌌다는 데 있었다. 이런 상황에 변화가 생기기 시작한 계기는 미국에서 원전 건설을 주로 담당한 두 회사, 즉 제너럴 일렉트릭GE과 웨스팅하우스가 1963년부터 시작한 이른바 '완성품 인도turnkey' 방식이다. 원전 건설비를 미리 책정해 계약한 다음 이것을 초과하는 비용은 모두 원전 건설 회사가 부담하고, 전력 회사는 발전소가 준공되어 검사를 거친 뒤 가동을 위해 '열쇠'만 넘겨받으면 되는 방식이었다. GE와 웨스팅하우스는 시간이 지나면서 원전 건설비와 발전 단가가 크게 떨어질 것이라는 아주 낙관적인 전망 아래 건설비를 비정상적으로 낮게 책정했고, 이것을 계기로 비로소 원전 건설이 활발하게 진행되기 시작했다.

'완성품 인도' 방식으로 건설된 원전은 모두 11기였는데, GE와 웨스팅하우스는 건설 과정에서 10억 달러에 이르는 엄청난 손해를 봤다. 그러나 1960년대 중반 이후부터 두 회사가 핵 에너지에 대해 보여온 엄청난 낙관은 전력 회사들한테 '전염'됐고, 그 뒤 약 10년 동안 원전 건설을 하나의 대세로 여기고 미래에는 원전의 발전 단가가 크게 떨어질 거라고 믿는 이른바 '시류 영합 시장bandwagon market'의 시기가 도래했다. 이 기간 동안 원전의 건설 주문은 1960년대 후반과 1970년대 초반에 한 차례씩 크게 붐을 탔고, 전력 회사들은 모두 200기가 넘는 신규 원전을 주문했다.

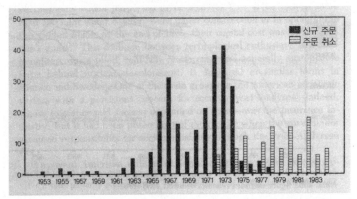

1953년 이후 미국에서 주문된 상업용 원자로 추이

출처: James M. Jasper, *Nuclear Politics: Energy and the State in the United States*, Sweden, and France.

호황의 종말 — 반핵운동, 오일쇼크, 원전 사고

그러나 미국에서 원전 산업이 누리던 호황은 단명했다. 1970년대를 거치면서 원전 산업에는 크게 세 가지 '악재'가 연이어 나타났고, 이것들이 서로 상승 작용을 일으키면서 원전 건설 붐은 사실상 종말을 맞았다. 첫째는 1970년대로 접어들면서 본격화된 반핵운동의 성장이다. 1960년대까지 핵 에너지의 이용에 대한 대중의 태도는 압도적으로 낙관적인 쪽에 치우쳐 있었다. 그러나 1950년대 중반부터 대기 중 핵 실험에서 나온 낙진 방사능의 위험을 놓고 과학자들이 열띤 논쟁을 전개하면서 일반 대중 사이에 방사능에 대한 불안감이 싹트기 시작했다. 핵에 대한 불안감은 1960년대 들어 원전 건설이 붐을 일으키기 시작하면서 원전으로 옮겨 붙었다. 1962년에서 1966년까지 AEC

에 건설 허가가 신청된 원전 중 반대 운동이 나타난 경우는 12퍼센트에 그쳤지만, 1967~1971년에는 그 비율이 32퍼센트로 껑충 뛰었다. 하지만 1960년대까지 원전을 둘러싼 대중적 논쟁은 이른바 님비(NIMBY, Not in My Backyard)로 불리는 지역적 차원의 반대 운동이 많았고, 쟁점도 원전 그 자체에 대한 근본적 반대라기보다는 원전의 입지나 주위 생태계에 미치는 영향 등으로 한정돼 있었다.

오늘날 찾아볼 수 있는 본격적인 반핵운동이 시작된 것은 1970년대 초의 일이다. 이 시기를 전후해 원전 건설에 반대하는 이유들이 핵폐기물 처분, 원자로 안전 메커니즘의 신뢰성, 노심 용해 등 대형 사고에 대한 염려, 인간의 실수 가능성 등으로 다양해지고 원전 그 자체를 반대하는 흐름이 점차 정치적 영향력을 얻기 시작했다. 반핵운동은 1960년대 후반부터 자원 보존운동에서 분리돼 급성장한 환경운동의 흐름과 조우하면서 더욱 탄력을 받았다. 또한 원전의 안전성과 방사능이 인체에 미치는 영향을 염려하게 된 일군의 과학자들도 반핵운동에 힘을 보탰다. 베트남전 반대와 과학의 군사화 반대를 표방한 학생운동이 대학을 휩쓸던 무렵 생겨난 과학자 단체들 역시 중요한 구실을 했다. 1969년 봄에 MIT에서 결성된 '우려하는 과학자동맹(Union of Concerned Scientists)'은 1970년대 내내 반핵운동에 전문적인 자문을 제공했고, 원전의 비상 노심 냉각 시스템(ECCS)의 신뢰성을 둘러싼 논쟁에서 주요 논객으로 활동했다.

원전 산업에 타격을 가한 둘째 요인은 역설적이게도 1973~1974년에 밀어닥친 오일쇼크의 충격이었다. 중동의 불안한 정세와 함께 자원민족주의를 내세운 OPEC이 석유 자원을 '무기화'하면서 유가가 불과 몇 달 만에 4배 이상 올랐고, 이런 사태는 석유를 중심으로 하는 화석연료에 절대적으로 의지하던 서구 산업사회에 엄청난 타격을 줬다. 처음에 많은 서구 국가들은 오일쇼크를 계기로 기존에 추구하던 원전 건설 정책을 대대적으로 확대하는 정책을 천명했다. 그러나 오일쇼크 이후 높아진 가격 탓에 에너지 소비 증가율이 크게 둔화된 것이 원전 건설에는 오히려 악재로 작용했다. 미국의 에너지 소비는 1950년대 이후 매년 6~7퍼센트대의 증가율을 유지했다. 1960년대 말과 1970년대 초의 대대적 원전 건설 붐은 이런 증가율이 계속 유지된다는 전제 아래 성립할 수 있었지만, 이제 그런 전제 자체가 사라져버린 것이다.

또한 비용 문제를 도외시한 채 핵 에너지의 미래를 장밋빛으로 보는 기술중심주의적 태도가 수그러들고 서로 다른 에너지원들 간의 엄격한 비용편익 분석을 통해 원전의 경제성을 가늠하려는 회의적 태도가 부상하면서 무분별한 원전 건설에 제동이 걸리기 시작했다. 원전의 경제성이 악화된 데는 무분별한 원전 건설 붐 속에서 미처 검증되지 않은 기술을 서둘러 도입하면서 공사 기간 연장과 중도 설계 변경이 수시로 일어난 것이 크게 작용했다. 여기에 더해 앞서 지적한 반핵운동의 성장과 뒤이은 규제 강화 때문에 원전의 건설 기간이 늘어나게 된 것도 중요했다. 미국에서는 1970년대 중반부터 원전의 신규 주문 건수는 크게 줄고 이미 주문된 원전을 취소하는 경우는 크게 늘어시류 영합 시장의 거품이 빠지는 현상이 나타나기 시작했다.

이렇게 악화되던 상황에 결정타를 먹인 셋째 요인은 1970년대부터 터지기 시작한 원전 대형 사고였다. 1975년 미국의 브라운즈페리 원전 사고는 인간의 작은 실수가 커다란 대형 사고로 이어질 수 있다는 것을 보여준 '니어미스near miss' 사고였다. 뒤이어 1979년 3월에 터진 스리마일 섬 사고는 원전 역사상 최초로 원자로 노심의 상당 부분이 용해된 대형 사고로, 미국 사회 전반에 큰 충격을 안겨주었다. 스리마일 섬 사고는 원전 사고의 수습 과정에서 사태의 심각성을 둘러싸고 중대한 불확실성이 해소되지 않은 채 남아 인근 지역 주민들의 삶을 위협할 수 있다는 사실을 보여줌으로써 가뜩이나 높아진 원전에 대한 불안감을 크게 끌어올렸다. 아울러 이 사고는 원전 운영사인 메트로폴리탄 에디슨Metropolitan Edison, 규제 기구인 핵규제위원회NRC, Nuclear Regulatory Commission, 펜실베이니아 주 정부 등의 불투명한 대처 과정에서 기술적 위험이 정치적 위기, 신뢰의 위기로 확장되는 모습을 극적으로 드러냈다.

스리마일 섬 사고는 미국에서 대중의 여론이 결정적으로 반핵 쪽으로 선회하는 계기가 됐다. 1979년 이후 미국에서는 신규 원전 주문이 단 한 건도 없었고, 이미 많은 초기 비용이 투자된 원전의 건설이 취소되는 사태가 잇따랐다. 1982년까지 각각 5000만 달러 이상이 투자된 40기가 넘는 원전이 취소됐고, 1980년대를 거치면서 원전 취소 때문에 손실된 매몰 비용은 300억 달러를 넘어섰다. 1986년 4월에 그 심각성에서 스리마일 섬 사고를 훨씬 능가한 구소련의 체르노빌 원전 사고가 터지면서 대중의 경각심과 반핵 정서는 더욱 높아졌고, 원전의 몰락에 더욱 가속도가 붙었다.

국가간 차이, '원자력 르네상스', 남은 과제들

미국의 경우 앞서 설명한 세 가지 요인들이 원전 건설 붐을 종식시켰지만, 이런 요인들은 국가별로 다소 다르게 나타났다. 가령 프랑스의 경우에는 오일쇼크가 대대적인 원전 건설 붐으로 이어졌지만, 프랑스의 독특한 기술민족주의와 핵 기술에 대한 열광 때문에 반핵운동 정서는 이런 흐름을 막을 수 있을 정도로 성장하지 못했다. 심지어 스리마일 섬과 체르노빌 사고도 그런 정서를 꺾어놓을 수 없었다. 이런 사정 때문에 1980년대 이후에는 국가별로 원자력 발전이 그리는 궤적이 크게 차이를 보이게 되는데, '종주국'이라 할 수 있는 미국은 원전 건설이 완연한 쇠퇴기를 맞았지만, 프랑스와 일본은 반대로 대대적으로 확장하는 길을 걸어갔고, 독일과 스웨덴은 1980년대까지 신규 원전 건설을 부분적으로 계속하면서도 중장기적으로는 기존 원전을 폐쇄하는 중간적인 태도를 취했다. 1990년대 이후에는 중국, 인도, 한국처럼 에너지 소비가 급증하는 몇몇 개발도상국들이 역시 원전 확장 정책을 추구해왔다. 그러나 1980년대 이후의 전반적 추세를 보면, 1950년대나 1960년대를 풍미하던 기술적 낙관과 시류 영합 시장에 견줘, 원전에 대한 환상은 한풀 꺾이고 에너지에 목마른 일부 국가들에서 일종의 '필요악'으로 또는 핵무기 개발의 중간 과정으로 받아들이는 경향이 강해졌다는 것을 알 수 있다.

2000년대 들어서는 화석연료의 연소에 따른 온실기체 방출로 지구 온난화 문제가 국제정치의 중요한 의제로 부각되면서 원자력을 주창하는 목소리가 다시금 높아지는 현상이 나타났다. 일명 '원자력 르네상스'라 불리는 이런 현상은 미국처럼 한동안 원전을 전혀 건설하지 않았거나 독일처럼 이미 원전 폐쇄를 결정한 국가, 심지어 호주처럼 현재 단 한 기의 원전도 보유하지 않은 국가들에서 원전 건설을 지지하는 정치 세력을 등장하게 했고, 전세계적으로 우라늄 광산에 대한 투기가 극성을 부리는 등 원전 산업의 부활에 대한 기대감이 커지기도 했다.

그러나 2011년에 터진 후쿠시마 원전 사고는 이런 흐름에 물음표를 던지고 있다. 여전히 해결되지 않은 원전의 경제성 문제, 고준위 핵폐기물 처분 문제, 우리에게는 북한 핵 문제로 익숙한 핵확산에 따른 국제정치 불안의 문제에 더해, 한동안 해결된 것으로 여겨지던 원전의 근본적 안전성 문제까지 다시 대두되면서 원전의 미래는 그야말로 혼란 속으로 빠져들고 있다. 후쿠시마 사태가 원전의 미래에 어떤 영향을 미치게 될지는 아직 분명하지 않지만, 앞으로 역사가 말해줄 것이다.

스리마일 섬 사고와 체르노빌 사고

1970년대에 동력을 잃어가던 원전 건설 붐에 결정적으로 찬물을 끼얹은 것은 스리마일 섬Three Mile Island과 체르노빌Chernobyl에서 일어난 대형 원전 사고였다. 스리마일 섬 사고는 1979년 3월 28일 새벽에 미국 펜실베이니아 주의 주도 해리스버그 인근의 서스쿼해너 강에 있는 스리마일 섬의 원전 2호기에서 일어났다. 이 사고는 원자로 압력 용기의 압력을 조절하는 밸브의 고장, 원전 운전원의 판단 착오, 제어 계기반의 설계상 결함 등이 복합적으로 작용해 일어났다. 그 결과 노심이 과열돼 핵연료봉이 녹아내리는 노심 용해가 일어났고, 사고 2년 뒤 로봇 카메라를 원자로 안에 넣어 확인한 결과 노심의 절반 정도가 녹아내린 사실이 밝혀졌다.

원전 운영사인 메트로폴리탄 에디슨은 사고가 3월 28일 저녁에 종결됐다고 생각했지만, 이후 며칠 동안 원자로는 불안정한 모습을 보였고 그 내부 상태에 관련해서도 불확실성이 계속 남아 있었다. 특히 노심의 과열로 생겨난 수소의 폭발 가능성이 심각한 문제로 지적됐다. 펜실베이니아 주지사 리처드 손버그는 만일의 사태에 대비해 원전 반경 5마일 이내에 거주하는 임신한 여성과 취학 전 아동들에 한해 대피 권고를 내렸다. 이 권고는 사고 이후 점차 커지고 있던 시민들의 불안감에 불을 질러 불과 며칠 만에 14만 명에 이르는 주민들이 이 지역에서 탈출하는 공황 상태가 빚어졌다. (스리마일 섬 주변은 전형적인 농촌과 소도시 지역으로 당시 반경 5마일 안에 거주하던 주민 수가 3만 8000명에 불과했다

스리마일 섬 핵 발전소

출처: http://upload.wikimedia.org/wikipedia/commons/2/2e/Three_Mile_Island_nuclear_
power_plant.jpg

는 점을 감안하면 주지사의 권고와 상관없이 상당수의 주민들이
자발적으로 집을 버리고 대피했다는 사실을 알 수 있다.)

스리마일 섬 사고에서는 노심 용해에도 불구하고 원자로 내부의
방사능 물질이 곧장 대량 유출되는 최악의 사태는 피할 수 있었
다. 원자로 부속 건물에서 대기 중으로 소량의 기체 방사능 물질
이 유출되는 데 그쳤고, 정부 기관의 합동 조사 결과 인근 지역 주
민의 건강에 끼친 영향은 무시할 만한 정도였다. 그러나 환경단체
와 인근 지역 주민들은 이런 조사 내용을 불신했고, 스리마일 섬
사고에 따른 심리적 외상은 오랫동안 주민들을 괴롭혔다. 이 사고
로 오염된 발전소 건물의 해체와 정화 작업은 1993년까지 11년에
걸쳐 진행됐으며, 정화 비용으로만 대략 10억 달러가 소요됐다.

1986년 4월 26일 구소련 우크라이나 지방의 프리퍄티 시 인근에 있는 체르노빌 원전 4호기에서 일어난 사고는 그 피해와 파급력에서 스리마일 섬 사고를 훌쩍 뛰어넘었다. 체르노빌 사고는 원전이 꺼졌을 때 비상 발전기가 가동하기 전까지 충분한 동력이 자체적으로 공급될 수 있는가 하는 원전의 안전 시험을 하는 과정에서 발생했다. 운전원들은 시험을 위해 원전의 안전 시스템들을 모두 꺼버렸고, 시험 과정에서 착오로 발전소의 출력이 지나치게 낮아졌는데도 안전 규정을 무시하며 시험을 계속 밀어붙였다. 그 결과 노심이 빠른 속도로 과열됐고, 불과 몇 초 만에 정상 출력의 100배 이상에 도달하면서 두 차례에 걸친 엄청난 폭발이 일어났다.

이 사고로 원자로 지붕이 날아가면서 원자로 내부에 있던 방사성 요오드와 세슘 등 엄청난 양의 방사성 물질들이 1200미터 상공까지 치솟았고, 바람을 타고 유럽 전역으로 확산되어 낙진의 형태로 내려앉았다. 낙진의 분포는 바람의 방향과 해당 지역의 기상 상태에 따라 불규칙한 양상을 띠었다. 원전 작업원들과 소방수들의 헌신적인 노력으로 열흘 뒤 불길은 잡혔지만, 이 사람들 중 상당수는 치명적인 방사능에 노출돼 몇 달 안에 사망했다. 그 뒤 뒷수습을 위해 60만 명에 이르는 인력이 '청소부liquidator'로 동원돼 원자로의 냉각 시스템을 설치하고 흔히 '석관sarcophagus'으로 불리는 격납 건물을 건설하는 작업을 했다. 수습 과정에서 구소련의 관료주의와 비밀주의로 적절한 정보가 제때 공개되지 못하면서 소련 당국의 신뢰성은 바닥까지 추락했고, 오늘날 체르노빌 사고는 구소련 붕괴로 이어진 여러 원인 중 하나로 흔히 평가받고 있다.

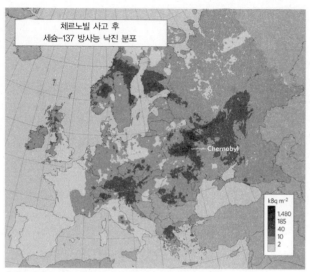

출처: J. Smith & N. A. Beresford, 2005, *Chernobyl: Catastrophe and Consequences*, Praxis, Chichester.

사고 직후 인근 지역에 거주하는 11만 6000명의 주민들이 다른 지역으로 소개됐고, 1986년 이후에도 벨라루스, 러시아, 우크라이나에 거주하는 22만 명의 주민들이 추가로 다른 지역으로 이주됐다. 높은 방사능에 노출된 '청소부'들과 인근 지역 주민, 그리고 낮은 수준의 방사능에 노출된 유럽 전체 인구 중에서 암에 걸려 죽은 사망자 수가 얼마나 될지에 대해서는 수천에서 수십만까지 다양한 추정치가 존재하지만, 저준위 방사능의 위험을 둘러싼 불확실성 때문에 정확한 수치는 앞으로도 알 수 없을 전망이다.

참고 문헌

데이비드 보더니스. 2001.《E=mc²》. 생각의 나무.
리처드 로즈. 1995.《원자폭탄 만들기》. 민음사.
이필렬. 1999.《에너지 대안을 찾아서》. 창작과비평사.
임경순. 1995.《20세기 과학의 쟁점》. 민음사.
톰 졸너. 2010.《우라늄 — 세상을 바꾼 돌멩이》. 주영사.

Cowan, Robin. 1990. "Nuclear Power Reactors: A Study in Technological Lock-in." *Journal of Economic History* 50: 3.

Fermi, Rachel, and Esther Samra. 1995. *Picturing the Bomb: Photographs from the Secret World of the Manhattan Project*. New York: Harry N. Abrams, Inc.

Hughes, Thomas P. 1989. *American Genesis: A Century of Invention and Technological Enthusiasm*. New York: Viking Penguin.

Jasper, James M. 1990. *Nuclear Politics: Energy and the State in the United States, Sweden, and France*. Princeton, N.J.: Princeton University Press.

Jolly, J. Christopher. 2002. "Linus Pauling and the Scientific Debate over Fallout Hazards," *Endeavour* 26: 4.

Mitcham, Carl, ed. 2005. *Encyclopedia of Science, Technology, and Ethics*, 4 vols. Farmington Hills, MI: Thomson Gale.

PBS documentary. 1999. "Meltdown at Three Mile Island".

Peplow, Mark. 2006. "Counting the Dead," *Nature* 440.

Walker, J. Samuel. 2004. *Three Mile Island: A Nuclear Crisis in Historical Perspective* Berkeley: University of California Press.

* 이 글은 필자의 책《야누스의 과학》(사계절, 2008)에서 핵 에너지의 역사를 다룬 2장과 3장의 내용을 합쳐서 부분적으로 축약한 뒤 1970년대 이후의 상황을 수정, 보완한 것이다.

후쿠시마의 교훈과
한국의 에너지 정책

·

유정민

한국과 일본의 원자력 발전

1979년 미국 스리마일 섬의 원전 사고와 1986년 구소련 체르노빌 원전 사고 이후 지난 20여 년간 세계적으로 원전 산업은 침체기를 걸어 왔다. 체르노빌 사고 직전인 1985~86년에는 한 해 33개의 원전이 새롭게 가동됐지만, 그 이후 신규 원전은 급격히 줄어 1990년대 들어 신규 원전 건설은 세계적으로 한 해 10개에도 미치지 못했다. 특히 지난 2008년은 1950년대부터 시작된 민간 원전 산업 역사상 처음으로 신규 원전이 하나도 없던 해였다.

이렇게 국제적 사양 산업이 되어버린 원전 산업이 유독 한국과 일본에서는 성장 산업으로 발전하고 있다. 일본은 2010년 1월까지 이미 54개의 원전을 가동 중이며 1기가 건설 중에 있다. 2010년 개정된 일본 정부의 '에너지기본계획'에 따르면 2020년까지 9기, 그리고 2030년까지 모두 14기의 신규 원전 건설을 계획하고 있다. 특히 일본 원전 산업에서 주목할 점은 원전 개발 초기부터 핵연료 사이클 정책을 추진하고 있다는 점이다.[*] 이번 사고가 난 후쿠시마 원전 6기 중 3호기는 바로 우라늄과 플루토늄 화합물을 사용하던 원자로였기 때문에 방사능 물질 누출의 위험성이 훨씬 컸다.[**]

---

[*] 2010년 10월에 상업 운전을 개시할 계획이던 록카쇼 재처리 공장은 유리화 공정 같은 기술적 문제점을 극복하지 못한 채, 2012년으로 상업 운전 개시 시점을 다시 연기한 상태다. 이것은 2006년 시험 가동 뒤 18번째 연기이고, 앞으로 기술적, 재정적 문제를 해결해 상업 운전에 성공할지는 상당히 불확실한 상태다(Citizens' Nuclear Information Center, CNIC, 2011).
[**] 후쿠시마 3호기에 사용된 혼합 핵연료(MOX, Mixed Oxide Fuel)라는 핵 재처리 연료는 그 독성이 다른 방사능 물질보다 훨씬 강한 것으로 알려지고 있다.

한국의 원자력 발전 계획은 결코 일본에 뒤지지 않는다. 한국은 2010년까지 21기의 원전이 운전 중이고, 정부의 2008년 '1차 국가에너지기본계획'에 따르면 2030년까지 원자력 발전 비중을 59퍼센트까지 끌어올릴 계획이다. 최근 한국은 그동안 오랜 숙원이던 원자력 수출에 성공함으로써 원자력 발전을 단순히 에너지 자립만을 위한 산업이 아니라 새로운 수출 전략 산업으로 육성하려 하고 있다.

원전 발전에 있어 세계 그 어느 나라보다 적극적인 한국과 일본은 원전 개발을 둘러싼 사회정치적 환경에서도 상당히 유사하다. 우선 두 나라 모두 정부의 적극적인 경제 개입을 통해 산업화를 달성했으며, 정부의 중앙 집중적 계획과 지원을 통해 원전 사업이 진행돼왔다. 특히 일본의 오랜 보수 자민당 중심의 정치 체제와 한국의 군사 독재 정치 체제는 원전의 계획과 운전에 있어서 비민주적이고 불투명한 의사결정 구조를 만들었으며, 이것을 토대로 원자력 발전을 반대하는 목소리를 효과적으로 억누를 수 있는 권위를 행사했다. 또한 두 나라 모두 자원 부족 국가로서 에너지 안보에 대한 염려가 원전 기술을 급속하게 받아들인 큰 원인이 됐다. 특히 70년대 오일쇼크를 겪으면서 두 나라는 급속도로 원전을 확대하게 된다. 부존 자원이 부족하고 전후 경제 개발이 시급한 시점에서 과학기술 이데올로기가 정책 결정 과정에서 중요한 구실을 했다는 점도 비슷하다. 이렇게 비슷한 원전 확대 경로를 취해온 두 나라 중 일본에서 인류 역사상 가장 커다란 재앙으로 기억되는 체르노빌 원전 사고에 버금가는 (혹은 더 심각할지도 모르는) 원전 사고가 발생했다는 사실은 세계에서 가장 원전 산업에 적극적인 다른 한 나라인 한국의 에너지 정책에 대한 신중한 사회적 토론의 필요성을 제기하고 있다.

성장과 공급 중심 에너지 패러다임과 한국의 원전 산업

한국은 1978년 고리 1호기를 시작으로 원자력 산업 정책을 지속적으로 추진해온 결과 현재 21기(18.7GW)의 원자로가 네 개의 핵 발전 단지에 건설, 운영되고 있다. 여기에 올해 말 준공 예정인 신고리 2호기를 포함한 5기가 80퍼센트 이상의 공정률을 보이며 완공을 눈앞에 두고 있다. 또한 정부의 최근 '제5차 전력수급기본계획'에 따르면 원자력 발전의 비중을 현재 전체 전력 생산량의 31.4퍼센트에서 2024년까지 48.5퍼센트까지 올릴 것이라 한다. 이 목표를 위해서 14기의 신규 원전이 계획 중이며 그 비용은 약 33조 원이 넘는다. 최근 이웃 나라 일본에서 발생한 후쿠시마 원전 사고를 지켜보면서도 한국 정부는 이런 원전 중심의 에너지 정책을 고민한 흔적을 찾아보기 어려울 뿐만 아니라 심지어 원전 수출 외교를 진행하면서 한국의 원전은 일본과 달리 안전하다고 국민을 안심(?)시키고 있다. 이번 후쿠시마 원전 사고 직후 당장 7개의 원전을 잠정적으로 가동 중단한 독일이나 원전 건설 계획을 중단한 중국하고는 사뭇 다른 대응이다. 원전에 대한 한국의 집착은 지난 30년간 국제 원전 시장의 침체에도 불구하고 지속적으로 원전을 확대해온 역사를 되돌아보면 크게 놀랄 일도 아니다.

한국의 지속적인 원전 확대 정책의 배경에는 급속한 산업화를 거치면서 확립된 경제 성장 우선주의와 공급 중심의 에너지 패러다임이 있다. 특히 전력 산업은 '싸고 풍부한 전력의 공급'이라는 정책 목표를 가지고 지난 반세기 이상 한국이 급격한 산업화를 이루는 데 중요한 구실을 해왔다. 10년마다 2배로 증가하는 전력 소비량과 해마다 갱신되는 피크 부하는 심각한 에너지 문제라기보다는 높은 경제 성장률, 해외 수출량과 함께 국가 발전의 상징처럼 간주됐다. 군사정권 하에서 정부는 단순히 산업 정책을 통해 시장에 개입하는 수준을 넘어 강력한 물리적 또는 행정적 기제를 통해 국가 경제 전체를 계획하고 운영하는 '개발독재' 체제를 확립했는데, 에너지 부문에서도 이런 중앙 집권적 산업화 전략이 그대로 적용됐다. 즉 국가 독점 전력 회사인 한국전력은 전력 공급에 대한 책임은 물론 국가의 전력 수요를 위한 전력 수급 계획, 전력 시설 건설과 재정 확보에 관련된 총체적인 책임과 권한을 가지고 있었다. 그 결과 대규모의 자본과 기술을 쉽게 조달할 수 있었고, 단시간 내에 경제 성장을 위한 '싸고 풍부한 전력 공급'이라는 목표를 달성할 수 있게 됐다.

성장 중심의 에너지 정책은 대형 발전소와 송전소 건설에 따른 환경 파괴 문제, 에너지 다소비적 산업 구조, 과도한 에너지 해외 의존 같은 문제점들을 드러내기 시작했다. 특히 이런 문제는 1970년대 오일쇼크를 겪으면서 본격적으로 드러났는데, 정부의 국가적 대응은 에너지원의 다원화, 국내 석탄 개발, 에너지 외교 확대와 해외 에너지 개발 등 주로 에너지 공급의 안정성을 높이기 위한 노력이 대부분을 차지했다. 물론 1980년대 들어 에너지 절약과 수요 관리에 관련된 노력*도 있었지만 실제 효과는 그렇게 크지 않았다. 수요 관리 프로그램은 에너지 사용 자체를 줄이는 것보다는 피크 부하를 분산시키는 부하 관리 정책을 중심으로 진행됐으며, 화석연료와 공급 중심의 전력 산업 구조 개선보다는 일부 산업 부문에서 에너지 이용의 합리화를 통해 경쟁력을 확보하고 궁극적으로 에너지의 안정적 공급에 차질이 없도록 하는 수단에만 그쳤기 때문이다. 한전 같은 독점적 에너지 생산·판매 회사가 효율 향상을 통해 전력 수요 자체를 줄이는 일에 인센티브를 갖기 어렵다는 점도 에너지 절약 프로그램이 효율적으로 실행되지 못한 이유이기도 하다.

특히 오일쇼크를 겪으면서 에너지 문제가 국가 안보상 심각한 문제로 인식되자 원자력 발전이 경제 발전과 에너지 자립을 위한 대안으로 본격 도입되기 시작했다. 국내 원자력 발전은 1950년대 한미 원자력 협정이 체결되고 원자력법이 제정되면서 제도적인 토대를 갖추기 시작했지만 경제적 타당성 문제로 도입되지 못하고 있었다. 그러다가 1970년대 들어 원전의 경제성이 개선되고 전력 수요가 지속적으로 늘어나면서 원전이 주목받기 시작했다. 2000년까지 44개의 원전을 건설하겠다는 박정희 정부의 계획에서 볼 수 있듯이 원전 확대는 빠르게 진행돼, 1978년 고리 원자로 이후 20년간 모두 15개의 원

● 2차 오일쇼크를 겪으면서 에너지 절약과 효율 향상이 필요해지면서 1980년 에너지관리공단이 설립됐다. 또한 한전은 1993년 '장기전력수급계획'에 처음으로 수요 관리(demand-side management) 정책을 반영했다.

전이 도입되어 한국은 명실상부한 원자력 전성 시대를 열게 됐다.

이런 급격한 원전 도입에는 국제 원자력 산업의 환경 변화가 큰 구실을 했다. 한국이 원자력으로 에너지 전환을 시도한 시점은 스리마일 섬과 체르노빌 원전 사고 이후 국제 원자력 시장이 침체기로 접어드는 시점과 일치한다. 한국은 국제 원자력 시장이 쇠퇴기에 접어든 바로 이 무렵 원자력 산업계의 판로가 되면서 원자력 기술을 이전받을 수 있었다.

또 다른 이유로 미국의 적극적인 구실을 빼놓을 수 없다. 사실 한국의 원전 시장은 미국, 독일, 프랑스, 스위스, 영국의 원전 회사들의 치열한 각축장이어서 원전 수주는 단순히 경제적 요소뿐만 아니라 정치적 요소도 중요하게 작용했다. 미국은 우월한 경제적, 군사적 관계를 이용해 한국의 원전 사업을 거의 독식할 수 있었다. 또한 미국은 한국의 핵무기 개발을 억제하는 대신 민간 발전 용도인 원전 건설에 필요한 자본과 기술을 적극적으로 제공했다.*

그동안 한국의 공급 중심 에너지 정책, 그리고 그 중심에 있는 원자력 발전 정책은 심각한 환경적, 사회적, 경제적 문제를 야기해왔다. 발전소나 송전 시설 건설에 따른 환경 파괴가 이어졌고, 에너지 절약과 효율 향상은 뒤로 한 채 공급 중심의 에너지 정책과 폐쇄적 의사결정 시스템이 지속됐다. 핵폐기물과 관련된 지역간, 세대간 환경 불

● 1975년 베트남전쟁이 끝나자 박정희 정권은 북한의 위협과 미군 철수의 대비책으로 핵무기 개발을 고려했다. 실제로 한국은 프랑스에서 플루토늄 재처리 공장을 도입하려고 했지만 핵확산을 염려한 미국의 압력으로 포기한 바 있다.

평등의 문제, 원전의 잉여 전기를 싸게 판매하면서 벌어진 에너지 과
소비의 문제, 안면도나 굴업도 사태에서 보여준 의사결정의 불투명성
이 단적인 예라고 할 수 있다. 그런데도 원전은 경제 성장을 위한 '싸
고 풍부한' 에너지 공급원으로, 그리고 지금은 새로운 수출 전략 상
품으로 원자력 르네상스를 열어줄 것이라는 기대를 받고 있다. 하지
만 원전은 결코 싸지도 않고 기후변화의 위기를 극복할 만한 대안이
되기도 힘들다. 더구나 이번 후쿠시마 원전 사고는 원자력 기술의 위
험성과 비민주성을 다시 한 번 보여줌으로써 원전 중심의 에너지 전
략에 커다란 변화를 요구하고 있다.

원자력은 경제적인가

지난 20여 년간 침체기에 있던 원전 산업이 최근 자원의 위기와 기후
변화라는 새로운 사회경제적 변화를 맞아 새롭게 주목받고 있다. 원
자력만이 미래의 에너지 수요를 충당하고 화석연료 고갈과 온난화를
막을 수 있는 가장 '현실적인 대안'이라는 주장은 산업계나 정치계뿐
만 아니라 일부 환경운동 진영에서도 설득력을 얻고 있는 상황이다.
그런데 원자력은 환경, 자원의 위기를 극복할 수 있는 '현실적' 대안
이 될 수 있을까?

핵분열 에너지가 처음 민간 발전용으로 사용되기 시작할 무렵 원
자력 에너지는 "너무 싸서 잴 필요가 없는 에너지"라고 할 만큼 인류
에게 무한한 전기를 공급할 수 있을 것이라고 생각됐다. 원자력 발전

이 가장 경제적인 발전원이라는 주장은 여전히 한국 원자력 정책을 합리화하는 가장 큰 근거가 되고 있지만,* 최근 원자력 산업을 살펴보면 원자력이 싼 에너지라는 증거를 찾기 힘들다. 원자력의 운전 비용은 석탄이나 천연가스에 견줘 아직까지는 저렴할지 몰라도, 해체 비용과 핵폐기물 처리 비용은 고려하지 않더라도 건설 비용을 보면 다른 화석연료는 물론이고 다른 어떤 재생 가능 에너지와 비교하기 힘들 정도로 비싼 수준이다.

원전의 경제성은 현재 에너지 시장의 상황을 분석하면 쉽게 파악할 수 있다. 세계적으로 원자력 발전소 건설 추세는 그 건설 비용은 점점 늘어나고 건설 기간은 점점 길어지고 있다. 일반적으로 기술이 도입돼 시장에서 생산됨에 따라 점차 가격이 하락하고 생산 기간이 짧아지는 '학습 효과 경로'하고는 전혀 다른 모습이다. 원전이 정부의 보조 없이 민간 자본의 투자만으로 건설되는 경우가 없다는 사실이 그 경제적 위험성을 잘 보여주고 있다. 미국의 경우 부시 정부와 오바마 정부에서 저리의 대출을 통해 원자력 발전을 재개하려 하고 있지만, 정작 이미 계획된 원전마저 사업성이 없어서 취소된 바 있다. 앞으로 에너지 효율이 개선되고 재생 에너지가 빠르게 도입되면서 전력 수요가 예전처럼 가파르게 증가하지 않을 것이라는 점도 투자자들이 원자력 같은 대규모 시설에 관심을 갖지 않는 이유 중 하나다.

● '5차 전력수급기본계획'에서는 원자력과 석탄 발전을 친환경, 저원가 전력 공급 설비로 구분하고 있다.

원자력의 비경제성은 최근 경쟁적 전력 시장의 도입을 통해서도 여실히 드러난 바 있다. 1990년대 말 미국 캘리포니아 주는 전력 회사들이 기존 전력 규제 체제 아래에서 건설한 원자력 발전소의 좌초 비용stranded cost을 소비자에게 전가할 수 있도록 규제를 완화함으로써 기존 업체들이 경쟁 시장에 참여하게 유도할 수 있었다. 규제 체제 아래 있던 독점 발전업자는 원자력 같은 대규모 초기 사업비를 전기 가격에 포함시켜 오랜 기간 그 비용을 회수해왔는데, 경쟁 시장이 도입됨에 따라 소비자들이 더 싼 전력 공급자를 선택하게 돼 비용 회수가 어려워질 위험에 있었다. 그러자 캘리포니아 주 정부는 경쟁 이전 비용CTC, competition transition charge을 일정 기간 동안 고객에게 부과해 원전의 좌초 비용 회수가 끝난 시점에 소매 경쟁을 도입하는 제도를 마련했다. 독점 체제 아래 핵 발전소 같은 경제적으로 무모한 사업에 투자한 전력 회사의 부담을 소비자가 최종적으로 떠안게 만든 것이다.

또 가장 먼저 전력 산업 자유화를 도입한 영국의 경우, 국영 기업이던 원자력 발전을 민영화하려고 원전을 다른 발전과 함께 묶어 시장에 판매하려고 했지만 시장성이 없자 결국 화력 발전만 민영화하고 원자력은 국영 기업으로 남겨뒀다. 한국도 지난 2000년 시작돼 현재 중단된 전력 산업 구조 개편 과정에서 원자력 발전소는 정부 소유로 남겨둔다는 계획을 가지고 있었는데, 주된 이유는 시장성이 없다는 것이었다. 이것은 원전이 정부의 지원 없이는 경제성을 갖지 못한다는 것을 보여주는 실증적인 사례다. 최근 핀란드의 오킬루오토Olkiluoto 3호기는 자유화된 전력 시장에서 원전이 경쟁력이 있다는 것을 보여줄 수 있을 것으로 관심을 받았지만, 3년이 넘는 공사 지연과 가격 상승으로 큰 어려움을 겪었다. 2004년 계약 당시 약 30억 유로였던 건설비가 17억 유로가 증가했으며($4000/kW에 해당), 최종 가격은 훨씬 비쌀 것으로 예상하고 있다. 가장 비싼 재생 가능 에너지인 태양광보다도 비싼 가격이다.

원자력 에너지는 기후변화 위기의 대안인가

산업혁명 이후 지구의 평균 온도는 이미 섭씨 0.8도 상승했다. 온난화에 따른 돌이킬 수 없는 위험을 막기 위해서는 21세기 말까지 섭씨 2도 내로 온도 증가를 억제해야 한다는 것이 국제적으로 합의된 기준이다. 2007년 IPCC 보고서에 따르면 지구 온도가 섭씨 2도 상승하는 것을 막으려면 적어도 2015년에 온실가스 배출량이 최고치에 도달한 뒤 급격하게 줄어들어야 한다고 한다. 또한 2010년에 발행된 UNEP 보고서 역시 지구 온도 증가를 섭씨 2도 내로 억제하려면 2020년 전에 온실가스 배출량이 최고치에 도달해야 하고, 2050년에는 1990년 대비 약 60퍼센트의 온실가스를 줄여야 한다고 말한다. 기후변화에 따른 환경적, 사회적 피해를 최소화하기 위해 온실가스를 어서 빨리 줄여야 한다고 요구하고 있는 것이다. 그래야만 이후 기후변화의 진행 정도에 따른 다양한 정책적, 기술적 선택을 할 여지가 있는 것이다. 만약 앞으로 20~30년 동안 온실가스 감축을 위해 적극 노력하지 않고 뒤로 미룬다면 더 큰 사회적 위험과 경제적 비용이 발

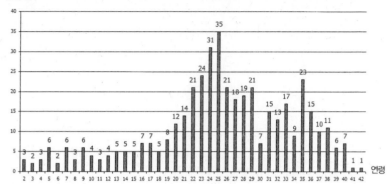

운전 중인 435개 원자력 발전소의 연령 (2009년 8월 기준)

원전 개수

출처: Schneider, M. et al., 2009, *The World Nuclear Industry Status Report 2009: With Particular Emphasis on Economic Issues.*

생할 것이라고 많은 연구자들이 경고하고 있다. 더구나 온실가스 안정화 노력을 미루는 것은 다음 세대에게 기후변화의 위험과 경제적 비용을 전가하는 행위로, 환경정의의 관점에서도 바람직하지 않다.

그렇다면 기후변화 문제를 해결하는 데 과연 원자력 발전이 타당한 대안이 될 수 있을까? 그렇지 않다. 원자력 발전은 신규 발전소 건설 기간이 너무 길어 기후변화 위기를 극복하는 대안이 되기 힘들다. 위 그래프에서 보듯이 2009년 현재 전세계에 435개의 원전이 가동 중이며, 평균 연령은 25년이다.

지금까지 폐쇄된 123기의 원전 평균 수명이 22년인 점을 감안할 때 앞으로 가동 중인 435개 원전 중 대부분이 20년 이내에 가동을 중지해야 할 것으로 예상된다. 하지만 원전을 통해 기후변화의 위험을

원자력 발전소의 건설 기간		
기간(년)	원자로 개수	건설 기간(개월)
1976~1980	86	74
1981~1985	131	99
1986~1990	85	95
1991~1995	29	104
1996~2000	23	146
2001~2005	20	64
2006	2	77
2007	3	80

* 출차: Ramana, 2009, "Nuclear Power: Economics, Safety, Health, and Environmental Issues of Near-Term Technologies," *The Annual Review of Environmnet and Resource*, vol. 34, pp. 127~152.
** 2000년 이후는 주로 동아시아 지역에서 건설된 원전.
*** 15년 이상 건설 중인 원전은 제외됨.

줄이려면 현재 가동 중인 원전 수보다 훨씬 많은 수의 원전이 2020년까지 건설돼야 한다. 하지만 과연 그럴 가능성이 있을까?

2000~2004년 사이에 연평균 겨우 3GW(약 3기의 원전에 해당)의 용량이 증가하는 데 그쳤고, 2004~2007년에는 연간 약 2GW의 원전이 증가했을 뿐이다. 2007년 전세계 신규 전력 설비는 약 600GW가 넘는 것으로 추정되는데, 이 중 대부분이 석탄, 수력, 천연가스 설비이고 원전은 고작 4.4퍼센트에 불과하다. 이런 상황에서 앞으로 10년 사이 국제 원전 시장이 급격하게 확장되기를 기대하기는

어렵다. 설령 국제 원전 시장이 확대되더라도 원전 1기의 건설 기간이 10년이 넘는 것을 감안한다면 기후변화 위기 대응에는 너무 늦다. 예를 들어, 전세계 이산화탄소 배출의 약 20퍼센트를 차지하고 있는 미국이 지금부터 원전 100기를 건설하기 시작한다면 2030년 무렵이 되어서야 완공되며, 이것을 통해 기준 시나리오 대비 약 12퍼센트의 이산화탄소를 줄일 수 있을 뿐이다. 현재 미국의 원전이 약 104개인 점을 감안할 때 앞으로 20년 안에 이 2배가 되는 수의 원전을 건설할 가능성도 희박할 뿐더러, 미국의 경우 앞으로 이산화탄소를 약 70퍼센트를 줄여야 한다는 점을 고려한다면 기후변화 대응을 위한 원전 정책은 뒤늦은 대응일 수밖에 없다.

온실가스 절감 기술로 원전을 이야기할 때 종종 간과되는 점이 바로 원전이 전체 에너지 믹스energy mix에서 차지하는 비중이 과장되어 있다는 것이다. 미국의 경우에서 보듯이, 원전의 수를 지금보다 획기적으로 늘린다 해도 온실가스 절감 효과는 그다지 크지 않다. 에너지 부문은 기후변화의 원인인 온실가스 주요 배출원이지만, 원전이 전체 에너지 사용에서 차지하는 비중은 그다지 크지 않기 때문이다. 2008년을 기준으로 세계 에너지 소비의 17.2퍼센트가 전력이고, 이 중에서 13.5퍼센트만 원전을 통해 공급하고 있을 뿐인데, 이것은 원전이 세계 최종 에너지 소비의 2퍼센트 남짓을 담당하고 있을 뿐이라는 의미다.

물론 원자력을 자동차나 난방에 사용할 수 있게 하면 그 대체 효과는 커질 수 있다. 하지만 앞서 설명한 대로 최근 원전의 건

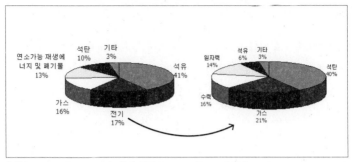

세계 최종 에너지 소비와 전기 생산 비중

연소가능 재생에
너지 및 폐기물
13%

석탄
10%

기타
3%

석유
41%

가스
16%

전기
17%

원자력
14%

석유
6%

기타
3%

석탄
40%

수력
16%

가스
21%

출차: International Energy Agency(IEA), 2010, *World Key Energy Statistics*.

설 추이와 시장 상황을 봤을 때 이것은 거의 실현 가능성이 없어 보인다. 2008년 현재 전세계 화력 발전소 용량은 약 3085GW(약 1만 3000TWh)이며, 원자력은 2010년 기준 437기(370GW) 정도다. 국제에너지기구IEA, International Energy Agency에 따르면, 2035년까지 석탄과 가스 발전이 각각 32퍼센트와 21퍼센트로 여전히 중요한 발전 연료가 될 전망이다. 만약 발전 부문에서 온실가스를 절감하기 위해 모든 석탄 발전을 원자력 발전으로 대체한다면, 약 1600GW(약 1600기의 핵 발전소)가 필요하다는 계산이 나온다. 현재 노후화된 원전의 교체까지 고려한다면 원전을 2000기 정도 지어야만 2035년까지 석탄 발전을 대체할 수 있다는 이야기다(석탄보다 온실가스를 덜 배출하는 가스 발전은 그대로 두더라도). 여기에다 수송과 난방 에너지까지 원전으로 대체하려면 2000기보다 훨씬 많은 원전과 인프라를 건설해야 할 것이다. 석탄 발전소를 원전으로 전부 대체한다는 극단적인 가정 아래에서도 온실가스 감축 효과는 전체 에너지 부문 배출량의 약 27퍼센트에 불과하다. 물론 석탄 발전소를 줄이는 것은 중요하다. 하지만 마치 원전이 유일한 대안인 것처럼 이야기하는 것은 과장된 논리다. 한국은 세계 5위의 원전 보유국이지만 최근 이산화탄소 배출 역시 세계 9위로 한 계단 올라섰다는 점은 어떻게 설명할 수 있을까?

원자력 발전은 에너지 안보에 기여할 수 있을까

원자력 발전은 무한한 에너지원이 아니다. 핵 에너지는 다른 화석연료와 마찬가지로 우라늄이라는 광물을 사용하는 비재생 에너지원이다. 따라서 석유, 가스 같은 화석연료와 마찬가지로 공급에 한계가 있으며 시장의 상황에 따라 큰 가격 변동성을 갖는다. 지금과 같은 수의 핵 발전소가 계속 유지된다면 앞으로 우라늄의 매장량과 재고량은 30년 안에 소진될 것이라고 한다. 사실 이미 90년대 초반부터 우라늄은 공급 부족 상태에 있다. 현재 세계 우라늄 수요(68kt)의 60퍼센트 정도만 신규 생산을 통해 해결하고 있을 뿐, 나머지는 핵무기를 포함한 기존의 우라늄 재고에서 충당하고 있는 상황이다. 이런 우라늄 부족 현상은 2000년 1파운드당 7달러이던 우라늄 가격이 2007년 130달러까지 오른 것을 보면 그 심각성을 알 수 있는데, 중요한 점은 이 기간 동안 원전의 전체 용량은 거의 증가하지 않았다는 것이다. 비록 고속증식로fast breeder reactor 같은 핵연료 재처리 기술을 대안으로 이야기하고는 있지만 일본의 경험에서 보듯이 그 비용과 기술적

어려움 때문에 큰 기대를 하기 어려운 상황이다. 이런 측면에서 원자력은 화석연료와 마찬가지로 자원 고갈과 가격 변동의 위험에 직면하고 있으며, 에너지 안보에 크게 기여하기 어렵다는 것을 알 수 있다.

또한 원전은 전기를 만드는 데 주로 사용되기 때문에 한국처럼 수송용 석유를 수입해야 하는 나라로서는 에너지 안보에 큰 기여를 하기 힘들다. 2004년 기준으로 세계 5위의 원전 보유국인 한국이 전 세계 주요 석유 수입 26개국 중에서 두 번째로 석유 취약성이 높다는 연구도 최근 발표된 바 있다.

전력망의 안정성 측면에서도 원전은 문제가 있다. 프랑스의 경우 몇 년 전 여름철 혹서 현상으로 강물 온도가 높아지자 강물을 냉각수로 사용하던 원자력 발전을 정지시킨 적이 있었다. 또한 2003년 여름 미국 동북부에서는 배전망의 이상 때문에 10개의 원자력 발전소(총 19기의 원자로)를 포함한 265개의 발전소가 연쇄로 운전을 정지하는 바람에 대규모 정전 사태가 발생했는데, 원자력 발전 같은 대규모 발전 시설이 연쇄적 시스템 붕괴를 가속화시킨 주원인이 됐다. 특히 원전을 재가동하려면 이번 후쿠시마 사고에서 보듯이 냉각 시스템을 가동하기 위해 외부 전원 공급이 선행돼야 하는 문제가 있다. 그래서 배전망이 다시 정상화돼 원전을 재가동하는 데까지 약 72시간이나 걸려 정전 피해가 아주 컸다. 한국처럼 한 가지 전원電源으로 전체 전력 생산의 60퍼센트를 충당하게 될 경우, 이런 시스템의 불안정성이 미칠 사회경제적 피해는 상상을 넘어선다.

이런 시스템 전체의 붕괴를 막는 데는 무엇보다도 전력 시스템을 분산화하는 방법이 효과적이다. 재생 가능 에너지는 흔히 예측하기 어렵기 때문에 계통 연결이 어렵다고 하지만 이미 풍력 발전은 안정적이고 예측 가능한 전력 생산을 보여주고 있으며, 다른 재생 에너지원과 함께 연계될 때 더 안정적인 전력원이 될 수 있다.

원전은 우리를 자유롭게 할 수 있을까

원자력 발전은 인류에게 무한 에너지를 공급할 수 있는 '프로메테우스의 불'로 여겨졌지만, 그 혜택을 누리는 대가는 방사능 누출과 핵무기 확산이라는 엄청난 위험이다. 사실 원자력 발전 같은 거대 기술은 인간의 일상적 인식과 물리적 한계를 넘어서는 복잡하고 강력한 기계 기술을 이용하기 때문에 대규모의 위험성을 항상 내포하고 있다. 특히 원자력 발전은 사소한 문제일 수도 있는 시스템 일부의 고장이 전체 시스템의 붕괴를 일으킬 수 있는 구조적인 취약성을 가지고 있다. 스리마일 원전 사고와 이번 후쿠시마 사태에서 보듯이 냉각수 밸브나 펌프의 고장 같은 작은 문제가 노심 용해라는 엄청난 재앙을 가져올 수 있는 것이다. 이번 후쿠시마 원전 사고는 바로 이런 거대 기술의 취약성을 다시 한 번 보여준 사건으로서, 그렇게 인간의 통제를 벗어난 핵분열이라는 기술이 얼마나 큰 환경 재앙을 초래할수 있는지 알려주고 있다. 이미 후쿠시마 원전 사고는 스리마일 원전 사고 규모를 훨씬 넘어선 상태이고, 일부 전문가는 체르노빌 사고보다 더 심각한 상황이 될 수 있다고 경고하고 있다.

여기서 또 한 가지 주목할 점은 이런 거대 기술의 위험이 사회적으로 공평하게 분담되지 않는다는 점이다. 원자력 발전소가 건설되는 장소는 주로 경제적 또는 정치적 영향력을 갖고 있지 않는 지역인 반면, 원전에서 생산된 전기는 멀리 떨어진 대도시의 생산과 소비를 위해 사용된다. 또한 여전히 마땅한 대안이 없는 핵폐기물의 사후 처리 문제는 환경적 위험과 경제적 부담을 후세에 미룸으로써 지역적 불평등은 물론 세대간 불평등 문제를 야기하고 있다. 원자력 기술에 내재된 위험이나 사회적 불평등과 함께 원자력 산업의 기술적이고 제도적인 중앙 집중화는 일반 시민들이 에너지를 선택하고 에너지 문제에 관련된 논의에 자유롭게 참여하고 결정하는 과정을 구조적으로 어렵게 한다는 문제점을 가지고 있다. 정보는 소수의 기술 관료에 집중되어 있으며, 수요의 예측(혹은 창출까지), 재원의 확보, 원전의 건설과 공급 방식에 이르는 모든 정책 결정은 대부분 소수의 기술 엘리트에 의해 결정된다. 이번 후쿠시마 원전 사고에서 불거진 원전 정보의 불투명성과 비밀주의는 일본에만 해당되는 사안은 아닐 것이다. 문제는 이런 원전 체제의 에너지 시스템이 가지고 있는 환경적 위험, 사회적 불평등성과 민주성의 결여가 한국의 에너지 정책에서 크게 고려되고 있지 않다는 점이다. 오히려 기술에 관한 맹목적 믿음의 확산을 통해 '원전의 안전 신화'를 공고히 하고 있으며, 원자력 에너지가 가져다주는 물질적 풍요와 편의를 대가로 개인에게 소비자로서의 수동적 역할만을 강요하고 있을 뿐이다.

지속 가능하고 민주적인 에너지 전환을 위해

그동안 한국의 에너지 정책은 지속적인 경제 성장을 위한 효율과 공급 중심 패러다임에 기반을 두고 발전해왔다. 원자력 발전은 이런 정책 목표를 달성하기 위해 도입되어 세계에서 유례를 찾아보기 어려울 정도의 속도로 원전 중심의 에너지 시스템을 건설했다. 그 결과 현재 단위 면적당 가장 많은 원전을 보유한 국가라는 썩 내키지 않는 타이틀까지 보유하게 됐다. 최근 이명박 정부는 '녹색성장' 정책의 하나로 원전을 새로운 성장 동력으로 육성하려 하고 있다. 하지만 앞에서 설명한 것처럼 원자력은 무늬만 저탄소 에너지이지 기후변화를 해결하기 위한 적절한 기술적 방안이 아니다. 정부가 기대하는 원자력 발전 르네상스는 이번 후쿠시마 원전 사고를 계기로 더욱 불확실해질 것이며, 오히려 원전 시장의 축소는 물론이고 세계 에너지 시스템의 구조를 근본적으로 바꾸는 계기가 될 가능성이 높다.

이런 상황에서 한국은 원전 중심의 전력 시스템, 성장과 공급 중심의 에너지 패러다임에서 벗어나 지속 가능하고 민주적인 에너지 전환에 관한 사회적 논의를 시작해야 한다. 따라서 무엇보다도 원자력 발전 대신 에너지 절약과 효율 향상, 그리고 재생 가능 에너지의 개발에 더 큰 관심과 정책적 지원이 필요하다. 그동안 국가 에너지 믹스에서 원자력 발전의 구실이 과대평가됐다면, 에너지 효율 개선과 재생 가능 에너지의 잠재력은 과소평가돼왔다. 하지만 이미 재생 가능 에너지는 세계 에너지 믹스에서 중요한 구실을 하고 있다. 세계 태양광 시장은 지난 국제 금융위기에도 불구하고 2004~2009년간 매년 60

퍼센트씩 성장하고 있으며, 미국에서는 2009년 신규 발전 시설 중 풍력 발전이 가장 큰 비중을 차지할 정도로 중요한 에너지원으로 자리 잡고 있다. 기후변화 문제에 상대적으로 적극적이던 유럽연합은 이미 재생 가능 에너지를 2020년까지 20퍼센트로 늘린다는 목표를 세워 두고 있으며(한국은 2020년에 총 에너지의 6.1퍼센트, 2030년에 겨우 11퍼센트를 신재생 에너지로 하는 계획을 갖고 있다), 스웨덴은 재생 가능 에너지의 비중이 이미 44퍼센트에 이르고 있다. 현재 재생 가능 에너지의 높은 비용이 이용 확대를 가로막는 가장 큰 걸림돌로 인식되고 있다. 하지만 그동안 원자력 발전의 높은 비용을 정부가 직간접 보조금을 통해 지원한 것처럼, 지속 가능한 미래와 진정한 의미의 에너지 자립을 위해 재생 가능 에너지를 지원한다면 재생 가능 에너지도 더 쉽게 보급될 수 있을 것이다.

재생 가능 에너지는 원자력 기술과 달리 시장이 확대되고 기술이 발전하면서 상당히 가격이 낮아지는 추세다. 현재 가장 비싼 재생 가능 에너지인 태양광도 원자력보다 비용이 저렴하다고 한다. 독일 같은 나라에서 재생 가능 에너지에 주는 정부의 보조금이 줄어드는 모습은 역설적이지만 재생 가능 에너지가 그만큼 가격 경쟁력이 생겼다는 것을 반증하고 있는 셈이다. 중요한 점은 이런 지속 가능 기술들이 온실가스 배출을 줄이는 데 원자력보다 훨씬 적은 비용으로 빠른 효과를 기대할 수 있다는 것이다. 그래서 원자력 발전소를 지어 온실가스를 줄이는 방법은 같은 비용으로 훨씬 더 많은 양의 온실가스를 더 빨리 감축할 수 있는 잠재적 능력을 포기하는 셈이 된다.

사회가 어떤 기술을 선택하느냐 하는 것은 대단히 중요한 문제다. 하지만 기술 자체를 맹신하면 원자력이 그런 것처럼 환경 위험과 사회적 비민주성 같은 문제를 답습할 가능성이 있다. 다시 말해 성장과 공급 중심의 에너지 정책에 구조적 변화가 없다면 재생 가능 에너지 역시 원자력과 같은 또 다른 '무한 에너지원'처럼 개발될 가능성을 가지고 있으며, 이것은 다시 환경적 피해, 사회적 갈등, 지역의 소외 같은 문제를 야기할 수 있다는 것이다. 예를 들어 사하라 사막에 550GW의 태양광 발전기를 세워 유럽의 에너지원으로 사용하겠다는 데저텍Desertec 사업이라든지, 선진국의 자동차 이용을 지속하기 위해 아마존 열대우림에서 에탄올을 생산하는 것, 그리고 최근 한국에서 서해안 갯벌을 막아 대규모 조력 발전소를 건설하려는 것은 지속 가능성을 가장한 전형적인 '환경 개발주의' 사업의 사례들이다. 이런 재생 가능 에너지 이용 방식은 에너지의 형태만 다를 뿐, 지역 생태계에 과도한 부담을 주는 대규모 에너지 시설, 대량 소비와 생산을 유지하기 위한 국가와 지역 간의 일방적 관계, 그리고 태양과 바람처럼 모든 사람에게 똑같이 사용할 권리가 있는 공공의 에너지를 소수의 기업과 전문가가 독점하게 되는 비민주적 사회 구조를 낳게 되는 것이다.

따라서 에너지 기술의 전환은 성장과 공급 중심에서 절약과 수요 중심의 에너지 패러다임으로 나아가는 전환이라는 틀 안에서 진행되는 것이 중요하다. 이런 에너지 전환의 토대가 되는 새로운 에너지 패러다임은 '에너지 커먼스commons 패러다임'이라고 할 수 있다. 이것은 성장과 이윤 추구에 집중된 에너지 생산과 소비 방식에서 에너지 필요^{energy needs}를 충족시키는 방향으로, 그리고 그동안 국가와 시장이 맡아온 에너지 관리를 시민과 지역에게 되돌리는 것을 의미한다. 공동의 참여와 책임, 그리고 협동의 원리를 기반으로 하는 지역 중심의 에너지 체제는 이윤이나 성장보다는 지속 가능한 수준의 에너지 생산과 소비 관계를 확립할 가능성이 크다. 외부 자원에 의존해 에너지 공급을 늘리기보다는 에너지 절약과 효율 개선에 힘쓰고 지역 에너지원(재생 가능 에너지)을 적극적으로 이용함으로써 환경 부담을 줄이고 에너지 자립도를 향상시킬 수 있을 것이다.

이런 변화를 이끌어 내려면 무엇보다도 그동안 오랫동안 사회적으로 당연시되어온 '에너지 사용=사회적 발전'이라는 근대적 개발 공식에서 벗어날 필요가 있다. 싸고 풍부한 에너지의 공급을 통해 시장 경쟁력을 확보하고 경제 성장을 달성한다면 그 혜택이 일반 시민에게 조금씩이라도 고루 돌아간다는 '에너지 낙수효과^{trickle down effect}'의 환상에서 벗어나야 하는 것이다. 성장 위주의 개발 전략을 통해 국가 GDP는 증가했지만 실업과 빈곤이 구조화되면서 문제가 점점 심각해진 것처럼, 에너지의 공급을 늘린다고 해서 반드시 모두 그 혜택을 누리는 것은 아니다. 오히려 한국은 그동안 꾸준한 원전 확대 정책을 통해 일인당 전력 사용량이 영국, 독일, 일본 같은 주요 선진국을 앞서고 있으면서도 에너지 빈곤 가정은 더욱 증가하고 있다. 특히 기후변화에 따른 이상 혹서나 한파가 증가하면서 에너지 빈곤층이 겪는 어려움은 더욱 커지고 있는 실정이다. 그것뿐만 아니라 중앙 집중적 에너지 시스템이 야기한 환경적 위험, 경제적 취약성, 지역간 에너지 불평등 문제는 더욱 심각해진 상황이다. 고유가에 따른 경제적 부담과 고준위핵폐기물 처리 방안에 대한 문제는 현재 에너지 시스템이 직면한 위기의 단적인 예라고 할 수 있다.

한국의 공급 중심 에너지 정책은 1970년대 유가 폭등과 90년대 들어 국내 핵폐기물 처리장 선정을 둘러싸고 벌어진 국민적 저항 때문에 몇 차례 위기를 맞기도 했지만, 그 본질적 구조는 변함없이 지속되고 있다. 이번 후쿠시마 원전 사고는 한국의 성장과 공급 중심의 에너지 정책, 그리고 그 중심에 있는 원전 확대 전략을 다시 한 번 재고할 것을 요구하고 있다. 하지만 단순히 안전 시설 강화나 재난 대비 체제의 정비와 보상 체제의 마련 같은 기술적 보완에 그친다면 여태까지 누적되어온 많은 환경, 사회, 경제적 문제를 제대로 해결하기 어렵다. 에너지 시스템의 기술, 사회, 경제적 체제에 대한 근본적 고민을 통해 지속 가능하며 민주적인 에너지 전환을 위한 사회적 토론이 필요한 시점이다.

지금 후쿠시마는

지진과 쓰나미가 발생한 지 두 달이 넘었지만 여전히 후쿠시마 원전 사고는 진행형이다. 일본 정부와 도쿄전력은 사고 후 피해 상황을 축소하기에 급급했고, 사고 발생 뒤 한 달이 지나서야 원전 사고 등급을 체르노빌 사고와 같은 수준인 7등급으로 상향해 사고의 심각성을 뒤늦게나마 인정하고 있다. 현재 전기 공급은 복구됐지만 여전히 원자로 1~3호기의 냉각 시스템은 제대로 가동되지 않고 있으며, 연료봉 과열 상태가 지속되고 있다. 원자로에서는 계속 방사능 오염수가 흘러나오고 있으며, 이미 후쿠시마 인근은 사람이 살 수 없는 죽음의 땅과 바다로 변해버렸다. 어떻게 후쿠시마 원전은 제2의 체르노빌 사태로 발전됐을까? 후쿠시마 사고의 경과를 되짚어보자.

후쿠시마 제1핵 발전소는 GE사의 마크^{Mark} I이라는 비등수원자로 BWR, boiling water reactor 6기로 구성돼 있다. 도쿄전력이 소유하고 운영하고 있는 이 발전소는 도쿄에서 약 320킬로미터 북쪽에 있으며, 지진이 발생했을 때 3기(1~3호기)는 운전 중이었고, 나머지 3기(4~6호기)는 점검을 위해 가동 중지 상태였다.

사고 발생의 원인과 대응을 살피기 전에 후쿠시마 원전에 사용된 GE의 BWR의 기본 구조와 작동 원리를 알아보자. 후쿠시마 원전의 원자로는 대부분 농축 우라늄(U-235)을 핵분열 연료로 사용하고 있다(3번 원자로는 우라늄과 플루토늄을 기본으로 혼합한 MOX 사용). 방사성 동위원소인 U-235의 원자가 분열하면서 에

후쿠시마 핵 발전소 현황			
원자로	원자로 설계	크기	운전 시작
Fukushima I-1	General Electric Mark I BWR	439MW	1971년 3월
Fukushima I-2	General Electric Mark I BWR	760MW	1974년 7월
Fukushima I-3	General Electric Mark I BWR	760MW	1976년 3월
Fukushima I-4	General Electric Mark I BWR	760MW	1978년 10월
Fukushima I-5	General Electric Mark I BWR	760MW	1978년 4월
Fukushima I-6	General Electric Mark I BWR	1067MW	1979년 10월

출처: Nuclear Information and Resource Service(NIRS), 2011.

너지와 중성자가 발생하는 것이다. 이때 주위에 충분한 우라늄이 존재한다면 중성자는 다른 우라늄 원자를 쪼개어 에너지와 중성자를 방출하게 되는 연쇄적 핵분열 반응을 일으킨다. 여기서 발생하는 에너지로 물을 끓여 증기를 발생시킨 다음, 터빈을 돌려 전기를 생산하는 게 기본 작동 원리다.

이런 핵분열 연쇄 반응이 일어나는 곳이 원자로 압력 용기reactor pressure vessel이며, 여기에는 우라늄 연료가 지르코늄 합금으로 만든 수천 개의 연료봉에 들어 있다. 이 연료봉들은 물속에 담겨 있는데 핵반응이 진행되면서 연료봉이 과열되는 것을 막는 동시에 증기를 발생시켜 터빈으로 보낸다.

원자로 압력 용기는 제1방벽primary containment(또는 'drywell'이라고도 함)이라고 하는 전구 모양의 철근 콘크리트 구조물로 둘러싸여 있다. 그 밑에는 도넛 모양의 토로스torus(또는 'wetwell'이라고도 함)라고 하는 구조물이 있는데, 원자로 내의 압력을 조절하는 중요한 안전장치 구실을 하고 있다. 원자로 압력 용기 내의 압력이 지나치게 올라갈 경우, 감압 밸브를 열어 증기를 토로스로 방출하는 것이다. 제1방벽과 토로스는 다시 박스 형태의 철근 콘크리트 구조물인 제2방벽으로 싸여 있다. 이 제2방벽 안에는 사용후 연료를 보관하는 저장 수조가 있는데, 냉각수를 계속 공급해서 사용후 연료를 냉각시키며 방사능이 외부로 빠져나가는 것을 막는 구실을 한다.

3월 11일, 강도 9.0의 지진이 일본 동부를 강타하자 후쿠시마 원전은 곧바로 가동 중지에 들어가고, 핵 연쇄 반응을 막기 위한 중성자 흡수 물질이 투입됐다. 하지만 연쇄 핵분열 반응을 중지시킨다고 해서 상황이 종료되는 것은 아니다. 원자로 안에서는 여전히 핵분열 후 생성된 방사능 물질이 열을 발생시키고 있어 냉각 시스

마크 I의 격납 구조

템을 가동해 연료봉을 냉각하고 있는 물이 과열되는 것을 막아야 하기 때문이다. 문제는 지진 뒤 발생한 쓰나미의 충격으로 후쿠시마 원전으로 공급되는 전력 시설과 자가 발전 시설이 제 기능을 상실해버렸다는 것이다.

후쿠시마 제1원자로에서 가장 먼저 문제가 발생했다. 냉각수 공급이 끊기자 압력 용기 내 온도가 올라가 한꺼번에 많은 양의 물이 증발하게 된다. 물의 양이 줄어들자 연료봉이 공기에 노출되고 연료봉을 감싸고 있는 지르코늄 합금이 수증기와 반응해 수소가 발생하게 된 것이다. 이런 화학 반응으로 압력 용기의 압력이 위험한 수준까지 높아지자 안전밸브가 열려 고온 고압의 방사능을 함유한 수증기와 수소가 토로스로 흘러 들어갔고, 이것이 제1방벽의 압력과 온도를 다시 위험한 수준으로 올리게 됐다.

3월 12일, 제1방벽의 손상을 막기 위해 도쿄전력은 수증기를 제2방벽으로 빼내려고 했지만, 불안정한 수소가 공기 중 산소와 반응하면서 폭발을 일으켰다. 이 폭발의 영향으로 제1방벽을 둘러싸고 있던 건물의 3분의 2가 날아갔고 제1방벽이 손상됐을지도 모른다는 의견이 제기되기도 했다.

하지만 제1방벽의 손상이 없다고 해도 압력 용기 내의 높은 온도 때문에 연료봉의 지르코늄 합금과 심지어는 우라늄까지 녹았을 가능성이 있다. 이것은 아주 심각한 문제인데, 녹아내린 우라늄은 바닥에 쌓여 압력 용기 바닥을 녹이고, 심지어 1차 방벽까지 뚫고 나갈 수 있기 때문이다. 이런 최악의 시나리오가 이른바 노심 용해인데, 현재 후쿠시마 원전은 노심 용해가 이미 상당히 진행된 것으로 여겨지고 있다.

1호기와 같은 수소 폭발이 3월 14일 3호기에서 발생했다. 특히 제 3호기는 일반 방사능 물질보다 훨씬 독성이 강한 MOX를 사용하는 원자로이기 때문에 방사능 누출 때 그 피해가 훨씬 심각할 것으로 여겨졌다. 3호기 주위에서 고농도 방사능 오염수가 발견돼 방벽 또는 압력 용기 내부의 배관 누수가 염려되고 있는 상황이다. 더구나 3월 28일, 후쿠시마 원전 주위의 토양 표본에서 세 가지 플루토늄 동위원소가 발견돼 노심 용해의 위험이 제기되고 있다. 3호기는 수소 폭발이 발생한 뒤 사용후 연료를 저장하고 있는 수조가 손상됐을 가능성도 제기되고 있다.

같은 날 2호기에서도 폭발이 일어났는데, 이번에는 원자로를 보호하고 있는 1차 방벽에 손상이 갔을지 모른다는 문제가 제기됐다. 압력 용기의 방사성 수증기를 배출시키던 중, 1차 방벽 하단의 토로스 안쪽에서 수소 폭발이 일어났기 때문이다. 폭발 뒤 도쿄전력은 노심 용해의 가능성이 높다고 발표했으며, 미국 에너지부 장관인 스티븐 추는 2호기 연료봉의 33퍼센트 정도가 녹아내렸을 것이라고 말하기도 했다. 한편 2호기 주위에서 고농도 방사능 오염수가 바다로 흘러 들어가는 것이 발견되기도 했는데, 현재 이 방사능 오염수가 바닷물로 유입되는 것은 막았지만 어디서 누수가 발생했는지는 밝혀지지 않고 있다.

4호기는 지진이 발생하던 시점에 가동 중이지 않았기 때문에 1~3호기처럼 원자로 내부의 과열 문제는 없었다. 하지만 사용후 연료가 보관되고 있던 저장 수조에서 문제가 발생했다. 3월 15일과 16

일 두 차례 화재가 발생해 저장 수조에 보관되고 있던 사용후 연료가 과열될지도 모른다는 문제가 제기됐다. 특히 4호기는 다른 원자로에 견줘 상당히 많은 사용후 연료가 저장돼 있었기 때문에 더 위험했다.

화재가 진화된 뒤, 일본 당국은 4호기의 안전에 대해 큰 주의를 두지 않았지만, 미국 원자력규제위원회NRC, Nuclear Regulatory Commission는 4호기의 폐연료 저장 수조의 물이 이미 다 고갈되어 심각한 방사능이 누출되고 있다고 경고했다. 저장 수조의 과열을 막기 위해 초기에는 물대포와 헬리콥터를 이용해 수조에 물을 공급했지만, 현재 콘크리트 타설에 쓰이는 고성능 펌프를 통해 사용후 연료를 냉각하고 있는 중이다. 이 고성능 펌프는 아이러니하게도 미국에서 MOX 공장 건설 현장에서 쓰던 대형 콘크리트 펌프를 들여와 개조한 것인데, 방사능 오염 때문에 다시 미국으로 돌려보내지 않는다고 한다.

후쿠시마 원전 사고 경과	
날짜	**사고 경과**
3월 11일	• 후쿠시마 원전에서 반경 3km 내 대피령 • 1호기의 방사능 물질 함유된 증기 배출 결정
3월 12일	• 오후 3시, 1호기에서 폭발 발생 • 2, 3호기 냉각 시스템 고장 • 반경 10km 내 대피 명령 내려진 뒤 이후 20km로 대피 지역 확대 • 오후 8시경, 1호기 원자로에 바닷물 주입
3월 13일	• 3호기에서 내부 압력을 줄이기 위한 방사능 물질이 함유된 가스를 공기 중으로 배출시키는 작업 시작 • 3호기 원자로에 바닷물 주입 • 도쿄전력은 3호기 노심(core)의 일부가 노출되어 있었다고 발표
3월 14일	• 오전 10시, 3호기에서 1호기보다 강력한 폭발 발생 • 제1방벽 안에 보관되고 있는 사용후 연료 수조의 손상에 대한 염려 커짐 • 핵심 인력을 제외한 원전 직원 철수 명령 내려짐
3월 15일	• 오전 6시, 2호기에서 폭발 발생 • 폭발 뒤 도쿄전력은 2호기에서 노심 용해 발생했을 가능성이 높다고 발표(노심이 수면 위로 6시간 이상 노출됨) • 오전 9시, 4호기의 연료 수조에서 화재 발생 • 핵심 인력 50명을 제외하고 모든 인원 철수 • 후쿠시마 원전에서 반경 20~30km 주민 실내에 머물 것을 권고
3월 16일	• 원전 지역의 모든 인원 철수함(일부는 결사대로 복귀) • 미국 원자력규제위원회 의장은 4호기 연료 수조의 물이 없으며 엄청난 양의 방사능을 방출하고 있다고 발표. 또한 현재 18마일(30km)의 대피 지역을 50 마일(80km)로 확대할 것을 제안
3월 17일	• 헬기와 물대포를 이용해 원자로와 연료 수조 냉각 • 미국 원자력규제위원회 의장은 다시금 4호기 연료 수조의 물이 없다고 강조함(이것은 도쿄전력의 정보가 아니라 원자력규제위원회 실사단의 현장 조사를 근거로 해서 발표됨) • 독일은 오사카로 대사관 옮김
3월 19일	• 전기선 설치 • 5, 6기의 제2방벽에 구멍을 내 내부 압력을 낮춤(방사능 물질 배출) • 우유와 시금치에서 방사능 물질 발견(시금치는 후쿠시마에서 100km나 떨어진 곳에서 생산된 것)
3월 21일	• 3호기 연료 수조에서 회색 연기 방출돼 직원 일시적으로 철수 • 후쿠시마 지표면 방사능 농도는 시간당 2000마이크로 시버트(micro/Sivert/hour)로 측정 • 후쿠시마 원전 주위의 바닷물에서 방사능 물질 발견 • 대기 중 방사능 농도는 사고 이후 한 번도 공개가 되지 않고 있음

3월 22일	• 전기 시설은 복구됐지만 냉각 시스템은 작동되지 않고 있음 • 콘크리트 펌프를 이용해 4호기에 물 살포
3월 23일	• 도쿄의 수돗물에서 영아 허용 기준치의 2배에 달하는 요오드-131이 검출됨 • 미국은 일본의 우유와 채소에 대해 수입 금지 조치를 취함 • 세슘은 체르노빌의 20~60%, 요오드-131은 체르노빌의 20% 수준이 방출됨
3월 24일	• 직원 3명이 방사능 오염수에 따른 피폭으로 입원
3월 25일	• 그린피스(Greenpeace)는 후쿠시마 사고가 체르노빌과 같은 7등급의 원전 사고라고 주장(일본 정부는 스리마일 사고와 같은 5등급으로 유지)
3월 26일	• 도쿄전력, 후쿠시마 원전 인근의 바닷물과 공기 중의 방사능 물질 분석 결과 발표
3월 27일	• 피폭 직원 3명은 애초 알려진 것보다 10배 이상의 방사능에 노출된 것으로 보도됨
3월 28일	• 도쿄전력은 사고가 난 원자로 내부 물의 방사능 수치가 1시버트(Sivert/h)라고 공식 발표. 이것은 정상치의 10만 배 높은 수치임 • 고농도 방사능 오염수가 원자로 밖으로 흘러나오는 것을 발견(노심 용해의 증거) • 지표면에서 세 가지 플루토늄 동위원소가 발견됨
3월 29일	• 3호기에 바닷물 대신 물 주입
3월 31일	• 세슘-137이 체르노빌 당시 주민을 대피시켰던 기준치의 2배가 후쿠시마 비상 소개 지역 밖에서 발견
4월 1일	• 평소 수준의 1만 배가 되는 요오드-131이 후쿠시마 지역의 지하수에서 검출됨 • 도쿄전력은 원전 작업자에게 모두 방사능 측정기를 지급하지 않았다고 발표
4월 4일	• 고농도 방사능 오염수 저장 공간 확보를 위해 1만 1000톤의 저농도 방사능 오염수를 바다로 방출(저농도 방사능도 기준치의 100배에 달함)
4월 5일	• 《LA 타임즈》는 원전 인근 바닷물에서 기준치의 710배의 요오드-131과 기준치의 100만 배가 넘는 세슘-137이 검출됐다고 보도
4월 6일	• 1호기의 제1방벽에 수소 폭발을 막기 위해 질소 주입 • 도쿄전력은 방사능 오염수의 해양 유입을 막는 데 성공했다고 발표
4월 12일	• 일본 정부 후쿠시마 원전 사고 등급을 7로 상향 • 후쿠시마 원전에서 30km 떨어진 토양에서 스트론튬 89 발견

참고 문헌

진상현. 2009. 〈한국 원자력 정책의 경로의존성에 관한 연구〉. 《한국정책학회보》제18권, 4호.

홍장표. 2007. 〈전력산업정책의 평가와 과제〉. 김상곤, 김윤자, 홍장표 공편. 《전력산업의 공공성과 통합적 에너지 관리》. 전국교수공공부문연구회/도서출판 노기연. 408~465쪽.

Allen et al. 2009. "The exit strategy, nature reports climate change." *Nature* vol. 3. pp. 56~58.

Blackburn, J. and Cunningham, S., 2010. *Solar and Nuclear Costs-The Historic Crossover*.

Energy Watch Group. 2006. *Uranium Resource and Nuclear Energy*.

Energy Watch Group. 2009. *Nuclear Power: The beginning of the end*.

Environment America Research and Policy Center. 2009. *Generating Failure: How Building Nuclear Power Plants Would Set America Back in the Race Against Global Warming*.

General Electric. 2011. "Mark I Containment Report."

Grunwald, M. March 25, 2011. "Why No Nukes? The Real Cost of U.S. Nuclear Power." *Time*.

Gupta, E. 2008. "Oil vulnerability index of oil-importing countries." *Energy Policy*, vol. 36, no. 3. pp. 1195~1211.

IAEA. 2010. *IAEA Nuclear Report 2009*.

IEA. 2010. *Technology Road Map: Nuclear*.

Intergovernmental Panel on Climate Change(IPCC). 2007. *Climate Change 2007: Mitigation of Climate VChange, Contribution of Working Group III to the Fourth Assessment Report of the Intergovernmental Panel on Climage Change*.

International Energy Agency(IEA). 2010. *World Key Energy Statistics*.

Nuclear Information and Resource Service(NIRS). "Chronological fact sheet on march 2011 crisis at Fukushima nuclear power plant."

Ramana. 2009. Nuclear Power: Economics, Safety, Health, and Environmental Issues of Near-Term Technologies, The Annual Review of Environment and Resource, vol. 34. pp. 127~152.

Strickland, E. 2011. "Explainer: What went wrong in Japan's nuclear reactors." IEEE.

Schneider, M. et al. 2009. *The World Nuclear Industry Status Report 2009: With Particular Emphasis on Economic Issues.*

UNEP. 2010. *The Emission Gap Report.*

Valentine, S. V., and Sovacool, B. K. 2010. "The socio-political economy of nuclear power development in Japan and Korea." *Energy Policy*, vol. 38.

CNIC(Citizens' Nuclear Information Center). 2011.

Energy Information Administration(EIA). 2011. International Energy Statistics, http://www.eia.doe.gov/cfapps/ipdbproject/IEDIndex3.cfm?tid=2&pid=2&aid=7.

Grimston, M, 10 April, 2011. Fukushima: What happened-and what needs to be done. BBC.

3장

계속되는 핵 발전소 증설, 축복인가 재앙인가

·

이헌석

엉터리 녹색성장 정책 속에 늘어나는 핵 발전소

일본 후쿠시마 핵 발전소 사고가 터지기 직전인 2010년 12월, 정부는 '국가에너지기본계획', '전력수급기본계획', '천연가스수급기본계획' 등 3가지 공청회를 한꺼번에 진행하면서 시민사회단체, 발전소 예정지 지역 주민, 노동조합 등의 반발을 산 적이 있었다. 이 모든 계획이 국가의 중요한 에너지 정책이어서, 각각 공청회를 진행할 때마다 논란이 끊이지 않던 사안을 한꺼번에 단 3시간 만에 질문도 받지 않고 통과시켜버린 것이다.

하지만 문제는 이런 절차에만 그치지 않는다. 그 내용에서도 이명박 정부가 말하는 '저탄소 녹색성장' 정책의 문제점을 그대로 보여주고 있다. 예를 들어 '전력수급기본계획'에서 정부는 기후변화의 주범으로 언급되고 있는 석탄 화력 발전의 경우, 2010년 19만 3476GWh에서 2024년 18만 8411GWh로 거의 변함 없이 유지되고 있는 반면, 상대적으로 친환경적인 LNG 화력 발전의 경우 2010년 10만 690GWh에서 2024년 5만 9201GWh로 절대량을 39.6퍼센트나 축소시킬 계획을 내놓은 것이다.

이 계획에 따르면, 남동 해안의 부산과 울산 지역에는 2023년 신고리 8호기가 완공되면서 기존 4기의 핵 발전소와 함께 모두 12기의 핵 발전소가 가동될 전망이다. 또한 석탄 화력 발전소가 밀집한 당진군 지역에는 당진 화력 10호기가 완공되면서 모두 10기의 석탄 화력 발전소가 가동될 것이다.

특히 동부건설에서 당진에 건설을 추진 중인 동부그린 1, 2호기

전원별 발전량 전망(단위: GWh)							
연도	원자력	석탄	LNG	유류	양수	신재생	합계
2010	144,856	193,476	100,690	14,693	2,084	5,949	461,747
	31.4%	41.9%	21.8%	3.2%	0.5%	1.3%	100%
2024	295,399	188,411	59,201	2,912	8,202	54,467	608,591
	48.5%	31%	9.7%	0.5%	1.3%	8.9%	100%

출처: 제5차 전력수급기본계획

는 당진 지역 주민의 반대 등을 이유로 공청회 안에서는 '미반영' 결정으로 빠져 있다가 전력 수급 등을 이유로 최종안에서는 '반영' 결정으로 변경되는 일이 벌어지기도 했다. 동부그린 화력 발전소의 경우, 최초의 민간 석탄 화력 발전소로 향후 민간 화력 발전의 신호탄으로 보는 견해가 많다.

그동안 민간 사업자들은 LNG 화력 발전소 건설에 집중해왔는데, 최근 유가 상승으로 LNG 가격 상승이 이어지자, 수급이 안정적이고 가격이 싸다고 알려진 석탄 화력에 눈을 돌리고 있다. 이번 전력수급기본계획으로 동부건설의 화력 발전소 건설이 승인됐고, 현대건설도 당진에 화력 발전소 건설을 추진하고 있다. 석탄 화력은 LNG보다 온실가스나 기타 유해 물질 배출량이 훨씬 많은데도 오히려 이번 승인으로 기존의 환경 정책에 역행하는 결정이 내려졌다고 평가되고 있다.

핵 발전소 건설 계획 현황				
	가동 중	건설 중	부지 확보	부지 미확보	비고
총 기수	21기	7기	6기	4~6기	2030년 최대 40기
상세 내역 (완공 시기)	고리 1~4 월성 1~4 울진 1~6 영광 1~6 신고리 1	신고리 2 (2011. 12) 신고리 3 (2013. 9.) 신고리 4 (2014. 9.) 신월성 1 (2012. 3.) 신월성 2 (2013. 1.) 신울진 1 (2016. 6.) 신울진 2 (2017. 6.)	신고리 5 (2018. 12.) 신고리 6 (2019. 12.) 신울진 3 (2020. 6.) 신울진 4 (2021. 6.) 신고리 7 (2022. 6.) 신고리 8 (2023. 6.)	? (2030)	2기는 예비 부지?

* 출처: 국가에너지기본계획, 제5차 전력수급기본계획 재구성
** 신월성 3, 4호기 부지가 있었지만 중저준위 핵폐기장을 짓는 데 사용

하지만 가장 큰 문제점은 핵 발전소 증설 계획이 급박하게 진행되고 있다는 사실이다. 국가에너지기본계획에 따라 정부는 2030년까지 핵 발전 비중을 59퍼센트로 늘리겠다고 발표했고, 그동안 후보지였던 신고리 7, 8호기 예정지는 물론, 4~6기의 신규 부지 확보에도 나서겠다는 계획을 제시하고 있다. 이 계획에 따라 2023년이 되면 한국은 모두 34기의 핵 발전소가 가동 중인 나라가 될 것이다. 고리 1호기의 경우 2018년까지 1차 수명이 연장됐다. 정부의 계획대로라면 2028년까지 수명이 연장될 것이기 때문에, 그때까지는 폐쇄될 핵 발전소는 없게 된다.

이 계획에 따른 가장 큰 문제점은 이전 정부 때부터 논의되던 전원 구성비, 즉 화력, 원자력, 재생 에너지 등 다양한 전력원의 구성 비

율에 대한 논의를 완전히 없던 것으로 되돌리고 있다는 점이다. 현재 30~35퍼센트의 핵 발전 비중을 어느 정도로 유지하느냐에 대한 논의는 2006년 국가에너지위원회 수립 이후 계속 쟁점이 되던 사안이다. 앞서 언급한 전원 안정성 문제 말고도 핵 발전소와 핵폐기물 때문에 생기는 사회적 갈등과 환경 문제가 얽혀 있기 때문에 핵 발전의 비중을 줄여야 한다는 논의들이 이어졌다. 그러나 2008년 이명박 정부 출범과 함께 기존의 논의가 모두 백지화되면서 오히려 2030년까지 핵 발전의 비중을 59퍼센트 증가시키겠다는 일방적인 발표가 나온다. 이 모든 정책은 그동안 이명박 정부가 '저탄소 녹색성장'이라는 슬로건 아래 벌이고 있는 내용이다. 탄소 배출이 많은 석탄 화력 발전소는 그대로 두고, 환경 논란이 있는 핵 발전소를 증설하는 계획에 '저탄소'나 '녹색'이라는 수식어를 붙일 수 있는 상상력에 다시 한 번 놀라지 않을 수 없다.

국가적 재앙으로 이어질 수 있는 핵 발전 비중 증가

후쿠시마 사태 이후에도 한국 정부는 핵 발전소 정책에는 어떤 변화도 없을 것이라고 공언하고 있다. 심지어 후쿠시마에서 날아오는 방사능 물질에 국민이 불안해 하는 시점에 진행된 4월 12일 국회 긴급 현안 질의에서, 최중경 지식경제부 장관은 "미사일을 맞아도 원전이 파괴되지 않는다"며 핵 발전소의 안전성을 호언장담하기에 이른다. 정부의 맹목적인 핵 발전소 정책에 따라서, 전원 구성비에서 핵 발전

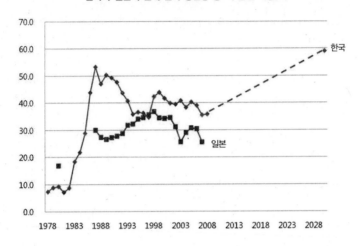

한국과 일본의 전체 전력 생산량 중 핵 발전 비중(%)

'전력통계정보시스템(EPSIS), 전력거래소'와 '2009 原子力白書, 日本 經濟通商省, 2009'의 내용을 합한 것.

이 차지하는 비중을 계속 증가시키겠다는 계획은 당분간 지속될 것으로 보인다.

하지만 전력 정책에서 전원구성비는 핵 발전의 안전성 말고도 안정적인 전력 공급이라는 측면에서도 아주 중요한 의미를 가진다. 전력을 공급하는 전원이 다양하지 못할 경우, 전력의 수요와 공급이 맞지 않아 대규모 정전 사태 등 전력 공급의 안정성을 해치는 일들이 발생할 수 있기 때문이다. 특히 한 가지 종류의 전원이나 전력 생산 시설에 편중될 경우, 동일 전력 계통의 이상이 발생하면 국가적 위기가 닥칠 수도 있다.

실제로 일본의 경우 2007년 니가타 주에쓰 지진으로 가시와자키

가리와 핵 발전소 7기가 모두 가동을 멈추는 대형 사고가 발생하면서 대규모 전력 공급 중단 사태가 일어날 뻔했다. 하지만 다행히 화력 발전 등 다른 전원으로 대체되면서 대규모 정전 사태를 막을 수 있었다. 일본의 경우 전력 중 핵 발전이 차지하는 비중이 30퍼센트 정도로, 2006년 30.5퍼센트이던 핵 발전 비중이 2007년 25.6퍼센트로 떨어졌지만, LNG 등 다른 발전원의 발전 비중을 늘리면서 그 충격을 완화하고 있는 상황이었다. 그러나 지진에 이은 후쿠시마 사태 때문에 일본은 '계획 정전'을 시도하지 않을 수 없는 상황에 와 있는 것이다.

또한 핵 발전처럼 출력 조절이 힘든 발전원의 비중을 늘리는 것은 전력 안정성 측면에서 큰 문제를 일으킬 수 있다. 핵 발전은 가동과 동시에 거의 항상 출력 100퍼센트를 유지하는 기저부하용으로 이용된다. 수력이나 가스 화력처럼 출력 조절이 쉽지 않기 때문이다. 하지만 하루 중 전력 수요는 수시로 변하며, 특히 전력 소비량이 적은 새벽 시간대와 전력 수요가 많은 낮 시간에 발전소 출력을 줄이거나 늘이는 식으로 조절해야 한다. 그러나 핵 발전은 한 번 가동이 되면 일정한 기간 동안에 출력의 변화가 없기 때문에, 전력 소비의 변화에 맞추는 방식으로 운영되기는 어렵다.

이런 특성 때문에 어려움을 겪은 나라가 프랑스였다. 핵 발전 비중이 80퍼센트에 육박하는 프랑스의 경우, 핵 발전소 전력 수요의 시간적 변화와 무관하게 일정하게 생산해내는 전력을 소비시키기 위해서 난방에도 전기를 이용하게 하는 정책을 추진해왔다. 그러나 2009

년의 갑작스런 한파 때문에 전기 소비가 급증하자, 전력 수요를 감당하지 못해 1시간 29분 동안 약 200만 명이 사는 지역이 단전되는 사고가 일어났다. 유럽의 전력망은 하나로 연결돼 있기 때문에 수시로 외국에서 전력을 수입해 부족한 양을 채웠지만, 늘어난 전력 수요를 미처 감당하지 못하면서 순식간에 벌어진 일이었다.

그러나 한국은 외국에서 전기를 사올 수 없는 나라다. 3면이 바다로 둘러싸여 있고, 북쪽은 남북 문제로 송전이 불가능하기 때문이다. 에너지 문제에서 한국은 '섬'인 것이다. 우리와 상황이 비슷한 일본의 경우, 핵 발전 강국이고 핵 발전소 수출 등을 계속 추진하고 있는데도 핵 발전 비중이 우리보다 현격히 낮다는 점을 간과해서는 안 될 것이다.

우리와 마찬가지로 천연자원이 없고 에너지 부문에서도 '섬'나라인 일본의 경우에도 핵 발전 비중은 30퍼센트 수준을 유지해왔다. 이런 점들을 고려하지 않은 채 무조건 핵 발전 비중을 늘리는 형태로만 나아간다면, 한국도 일본 같은 대규모 정전 사태와 '계획 정전'을 겪지 말라는 보장은 없는 것이다.

왜 그리 핵 발전소를 더 짓고 수출까지 하려고 할까

그럼 왜 한국 정부와 산업계는 그렇게도 핵 발전소를 더 지으려고 할까? 특히 최근에는 수출까지 나서면서 누구보다 핵 발전소 건설에 적극적인 모습을 띠고 있다. 실마리는 매년 핵 발전소가 건설되고 있는 숫자를 살펴보면 찾을 수 있다. 한국의 핵 발전소 건설은 수많은 비판과 저항에도 불구하고 쉬지 않고 이어져왔다. 1980년대 후반 한국에서 반핵운동이 본격 시작된 이후 여러 지역에서 진행된 핵 발전소 신규 건설 반대 운동●과 안면도·굴업도·부안 등에서 벌어진 핵 폐기장 건설 반대 운동이 일부 성과를 얻기 시작했다. 그러자 국민들도 핵 발전소의 위험성과 문제점을 인식하게 되고, 핵 발전소 대신에 에너지 효율화와 재생 에너지 확대를 통해 대안을 찾아야 한다는 생각을 가지기 시작했다. 그러나 한국 정부는 아랑곳하지 않고 꾸준히 핵 발전소를 지어왔다.

그 사이 정권도 여러 번 바뀌었다. 특히 김대중 정부와 노무현 정부가 들어서면서 민주주의 진전에는 큰 성과가 있었던 게 사실이지만, 핵 발전을 둘러싼 전력 정책에는 변화가 없었다. 김대중 정부 시절, 정부 안에서도 핵 발전에 부정적인 일부 인사들이 핵 발전소 추가 건설에 반대하기도 했지만, 결과적으로 그 속도만 늦췄을 뿐 핵 발전소 건설을 막지는 못했다. 김대중 정부 기간에도 신고리 5, 6호기 등 신규 핵 발전소 부지 확보 계획은 그대로 추진됐다. 정권 초반 부안 핵폐기장 문제로 반핵운동과 오히려 한판 싸움을 벌인 노무현 정부는 그동안 연기되던 핵 발전소 추가 건설 계획을 모두 승인하면서 핵 발전소 건설에 힘을 실어주었다.

● 이미 핵 발전소가 들어선 4곳을 제외하고 전국에 흩어져 있던 핵 발전소 부지는 반대 운동 등으로 모두 승리했다. 강원도 고성, 전남 해남, 장흥, 보성 등이 대표적이다.

최근 16년간 건설 중인 핵 발전소 수와 건설 준비 중인 핵 발전소		
연도	건설 중인 핵 발전소	건설 준비 중인 핵 발전소
1995	7(월성2, 3, 4/영광3, 4/울진3, 4)	2(영광5, 6)
1996	5(월성2, 3, 4/울진3, 4)	2(영광5, 6)
1997	7(월성4/영광5, 6/울진3, 4, 5, 6)	0
1998	7(월성4/영광5, 6/울진3, 4, 5, 6)	0
1999	5(월성4/영광5, 6/울진5, 6)	0
2000	4(영광5, 6/울진5, 6)	0
2001	4(영광5, 6/울진5, 6)	0
2002	4(영광5, 6/울진5, 6)	0
2003	4(영광5, 6/울진5, 6)	4(신고리1, 2/신월성1, 2)
2004	2(울진5, 6)	6(신고리1~4/신울진1, 2)
2005	6(울진5, 6/신고리1, 2/신월성1, 2)	4(신고리3, 4/신울진1, 2)
2006	4(신고리1, 2/신월성1, 2)	4(신고리3, 4/신울진1, 2)
2007	4(신고리1, 2/신월성1, 2)	4(신고리3, 4/신울진1, 2)
2008	6(신고리1~4, 신월성1, 2)	2(신울진1, 2)
2009	6(신고리1~4, 신월성1, 2)	2(신울진1, 2)
2010	6(신고리1~4, 신월성1, 2)	4(신울진1, 2/신고리5, 6)

《원자력발전백서》의 발표를 기준으로 정리. 연도는 《원자력발전백서》 발행 연도 기준.

개별 정권의 변화에도 불구하고 지속된 핵 발전소 건설 상황은
위 표에서 확인할 수 있다. 1995년부터 해마다 4~6개 수준의 핵 발전

소 건설 공사가 꾸준히 유지되고 있는 것이다. 모든 건설 비용은 공기업인 한전(2001년 이후 한국수력원자력)이 부담하고 있다. '한국형 원전' 개발을 명목으로 해외 기업과 치열한 경쟁이 필요없는 독점적 지위를 보장받으면서 꾸준한 원전 건설 물량을 제공받는 상황은, 한국 핵 산업계가 안정적으로 성장하는 토대가 됐다. 그리고 앞으로도 꾸준히 핵 발전소를 건설하고, 필요할 경우에 해외에서 핵 발전소를 수출해 건설할 수 있다면 더할 나위 없이 좋은 일이 될 것이다. 그러나 한국 핵 산업계 앞에 탄탄대로만 놓여 있는 것은 아니다.

한국의 전력 수요는 비슷한 경제 상황에 놓인 다른 나라에 견줘 높은 편이다. 2005년 기준으로 일인당 전력 소비량은 8064kWh로 OECD 평균보다 높다. 미국(1만 4448kWh), 일본(8628kWh)보다는 전력을 적게 사용하지만, 한국보다 경제 사정이 좋은 독일(7522kWh), 영국(6651kWh)에 견줘 더 많은 전력을 사용한다. 이것은 한국의 산업 구조가 에너지 소비가 많은 철강, 조선, 자동차, 화학을 중심으로 구성돼 있기 때문인데, 이것을 뒷받침한 것이 '값싼' 석탄 발전과 핵 발전이었다. 2007년 기준으로 한국의 전력 수요에서 석탄 발전과 핵 발전으로 공급되는 전력 비중은 73.9퍼센트로 절대 다수를 차지한다. 그리고 90년대 이후 도입이 확대된 LNG 화력 발전소가 그 뒤를 잇고 있다.

그런데 핵 산업계의 입장에서 볼 때, 문제는 최근 전력 수요가 지속적으로 감소하고 있다는 것이다. 한국의 전력 소비는 1990년대 초 매년 평균 11.6퍼센트씩 증가했지만, 이후 증가율이 점차 낮아져

2000년대 후반에는 5.7퍼센트까지 떨어졌고, 2020년에 이르면 매년 2.2퍼센트 수준으로 낮아질 것으로 예상되고 있다. 산업이 발전하고 경제가 활성화된다 할지라도 그만큼 전력 수요가 함께 증가하지 않는 것이다. 따라서 핵 산업계 처지에서 보면, 핵 발전의 필요성이 점차 줄어들고 있다는 불안감을 갖기에 충분한 것이다. 따라서 전력 수요를 지속적으로 증가시키기 위해 노력하고 있다.

일본에서도 비슷한 예를 찾아볼 수 있다. 일본의 '올덴'(영어의 'All'과 전기를 뜻하는 '電'을 합한 말)화 전략이 바로 그것이다. 1980년대부터 일본 전기 사업자를 중심으로 제기된 '올덴화' 전략은 가정의 난방, 냉방, 조리, 조명 등 에너지가 필요한 모든 부문에서 전기를 이용하자는 것이다. 가스 조리기 등을 전기 조리기로 바꾸고, 심야 전력을 이용한 보일러와 비데, 다양한 온열기를 도입하자는 것이다. 명목상으로 전기를 이용해 깨끗한 생활을 영위하자는 것이지만, 실상은 전력 수요가 더 늘지 않은 상황에서 가스 사업자와 경쟁하는 국면에 내몰린 전기 사업자들이 내놓은 궁여지책의 일환이다. 도쿄전력 전력관에는 전기 오븐을 이용한 요리교실과 비데와 전기 족욕기, 욕실 체험장이 전체의 3분의 1 정도의 비중을 차지하고 있다. 풍부한 전기 생활을 통해 전기 사용의 이점을 보이겠다는 전략인 것이다. 그리고 아마도 비슷한 처지에 놓인 한국 전력 산업, 특히 핵 산업계가 국민들에게 보여주고 싶은 모습들일 것이다.

핵 발전소 수명 연장 문제 없나

이번 일본 후쿠시마 핵 발전소 사고를 지켜보면서, 투자된 비용이 아까워서 핵 발전소의 수명을 계속 연장해왔다는 사실이 널리 알려지게 되었다. 한국에서도 정부가 이미 2007년에 고리 1호기 핵 발전소를 수명 연장한 바 있으며, 올해에는 월성 1호기의 수명 연장 여부를 결정할 예정이다. 그러면 한국 핵 발전소의 수명 연장은 문제가 없는 것일까? 에너지정의행동이 최근에 발표한 성명서를 눈여겨볼 일이다.

수명 연장된 고리 1호기 핵 발전소는 문제가 없나? — 에너지정의행동 성명서, 2011. 4. 12.

일본 후쿠시마 핵 사고로 노후 핵 발전소 폐쇄에 대한 관심이 높은 가운데, 어제(12일) 저녁 8시 45분경, 고리 핵 발전소 1호기가 전기 계통 고장으로 가동을 멈췄다. 온 국민이 방사능 공포에 휩싸여 있고, 고리 1호기 수명 연장과 관련해 부산 지역의 목소리가 뜨거운 상황에서 고리 1호기 고장과 가동 정지 문제는 결코 가볍게 볼 문제가 아니다.

우리는 그동안 수차례 고리 1호기 수명 연장 반대와 즉각적인 폐쇄를 주장해왔다. 정부와 한국수력원자력 주장처럼 몇몇 주요 부품만 교체한다고 안전성이 확보될 수 없기 때문이다. 고리 1호기는 애초 웨스팅하우스社에서 건설해준 이후 지금까지 끊임없이 많은 고장·사고를 일으켜왔다. 지금까지 한국에서 일어난 핵 발전소 사고·고장 643건 중 고리 1호기에서 일어난 사고는 127건으로 전체 중 20퍼센트가 고리 1호기에서 일어났다. 그동안 이에 대해 정부와 한국수력원자력은 고리 1호기가 가동한 횟수가 오래되고, 처음 핵 발전소를 해외에서 도입하다 보니, 자연스럽게 사고·고장 건수가 늘어났다고 설명해왔다.

그러나 핵 발전소 가동이 본격적으로 시작된 1990년 이후에도 고리 1호기의 사고·고장 건수는 최대 127건으로 고리 1호기가 10년 이상 가동된 이후에도 사고·고장은 끊이지 않고 이어졌다. 특히 1980년대 가동을 시작한 다른 발전소의 경우와 비교해봐도 고리 1호기만큼 사고·고장이 많이 일어난 발전소는 찾아볼 수 없다.

이런 상황에서 설계 수명 30년이 지난 고리 1호기를 수명 연장한 것은 분명한 실책이다. 어제 일어난 고리 1호기 고장 사고가 발전소 안전에 직접적인 영향을 미치는 못하는 사고라 할지라도 이는 더 큰 사고를 위한 경고인 것이지, 그냥 안심하고 넘어가도 된다는 것을 의미하지 않는다.

이에 우리는 다시 한 번 고리 핵 발전소 1호기를 즉각 폐쇄할 것을 주장한다. 전체 전력의 1.07퍼센트(2009년 기준)를 담당하는 고리 1호기의 가동을 중단한다고 해서 대규모 정전 사태나 전력 대란이 일어나지 않는다. 이보다 고리 핵 발전소 인근 30킬로미터에 살고 있는 320만 국민의 안전이 더 중요한 과제다. 정부는 일본 후쿠시마 핵 사고의 교훈을 제대로 받아 그와 같은 사고가 한국에서 절대로 일어나지 않도록 해야 할 것이다.

UAE 원전 수출, 반길 만한가?

UAE 원전 수출은 이 한계 상황을 앞두고 벌어진 핵 산업계에게는 '매우 좋은 기회'다. 바꿔 말하면, 국내에서는 앞으로 매년 4~6개씩 핵 발전소가 건설되는 상황을 만들기 힘들기 때문에 수출을 통해 해외로 진출하지 않으면 대폭적인 구조조정이 예상되는 상황에서 새로운 활로를 찾은 것이다. UAE 원전 수출은 핵 산업계의 처지에서 보면 암담한 미래를 바꿔놓을 수 있는 좋은 기회이고, 정부로서는 업적을 알리기에 좋은 계기가 될 것이다. 그동안 이명박 정부는 한미 FTA 문제, 4대강 살리기 사업 등에서 시민들과 소통하지 않는다는 비판을 받아왔다. 특히 김대중, 노무현 정부 당시 일부 개선된 민주주의적 성과를 다시 뒤로 돌린다는 비판을 끊임없이 받아왔다. 이런 상황에서 이명박 정부는 원전 수출을 자신의 치적으로 만들고자 많은 노력을 기울여왔다. 특히 UAE 핵 발전소 수주 당시에 공영방송 KBS의 정규 방송을 중단하고 긴급 생방송 형식으로 대통령이 기자회견을 한 일은 유례를 찾기 힘든 일이다.

뒤이어 이명박 정부는 핵 산업계의 이해를 대변하는 계획을 끊임없이 발표했다. 대표적인 것이 2011년 1월 발표한 '원자력 수출산업화 전략'이다. 2030년까지 전세계 핵 발전소 신규 건설 개수를 430개로 잡고, 이 중 약 20퍼센트(총 80개)를 한국에서 수주하자는 내용의 이 계획은 그야말로 '핵 산업계의 환상'이 그대로 반영된 예다. 2030년까지 430개의 신규 핵 발전소가 건설된다는 예측은 IAEA나 OECD, NEA 같은 핵 에너지 관련 국제기구에서 예측하는 수보다

월등히 많고, 단지 핵 산업계의 예상 전망치 중 최대치에 불과하다. 그런데도 그 수치를 기준으로 설정된 희망 섞인 목표를, 별다른 검증 없이 대통령이 직접 발표하는 해프닝이 벌어지고 있는 것이다.

하지만 이런 해프닝에 의문을 던지는 목소리는 소수에 불과하다. 《한겨레》와 《경향신문》 등 진보적 신문과 일부 인터넷 신문만이 원전 수출을 둘러싼 정부의 과잉 대응과 원전 수출의 문제점을 지적했을 뿐 나머지 모든 언론은 수출의 성과를 알리기에 여념이 없었다. 심지어 국회 지식경제위원회에서도 "수출에 성공하기까지 수고했는데 언론에서 지적하니까 물어본다"며 소극적인 태도로 일관했다. 그 덕에 핵 발전소 수출 계약 내용을 비롯한 많은 정보가 공개되고 있지 않다. 한국이 처음 원전을 수출하기 때문에 UAE가 다양한 요구 사항을 계약에 포함시켰을 것이라는 외신 보도가 나왔지만, 정작 한국 내에서는 관련 정보에 대한 접근이 차단되어 있는 것이다. 이러던 중 최근 국방부가 UAE에 특전사 130명을 파견할 계획이라고 밝히면서 UAE와 핵 발전소 건설 계약 내용에 대한 궁금증이 더욱 증폭되고 있다.

그럼 앞으로 한국의 원전 수출은 어떻게 될까? 장기적인 전망은 제쳐놓더라도 단기적으로 한국이 핵 발전소 수출국으로서 넘어야 할 산은 많다. 가장 먼저 큰 문제는 한국이 아직 핵 발전소 건설에 필수적인 핵심 기술을 모두 갖고 있지 않다는 것이다. 설계 핵심 코드, 원자로 냉각재 펌프RCP, 원전 계측 제어 시스템NSSS I&C 등 관련 기술을 현재 갖고 있지 않으며, 웨스팅하우스에서 기술을 제공받아 핵 발전소 가동에 사용하고 있다. 핵심 기술이 없다는 이유로 한국은 이미 중국 핵 발전소 수주 입찰에 참가하지도 못한 경험도 있고, UAE의 경우 웨스팅하우스가 먼저 수주 경쟁에서 탈락함에 따라 자연스럽게 웨스팅하우스와 함께 컨소시엄을 구성했지만, 상호 경쟁 관계에 놓일 경우 전망은 무척 어둡다. 정부는 2015년까지 핵 발전소 원천 기술 확보를 위해 세워놓았던 누테크Nu-Tech 2015 계획을 2012년까지 완료하는 것으로 계획을 바꾸는 등 추가 계획을 세우고 있지만, 기술 개발이나 검증과 실증은 전혀 다른 문제이기 때문에 2012년까지 연구 개발이 완료되더라도 얼마나 큰 도움이 될 수 있을지는 미지수다.

다음으로 넘어야 할 문제는 재원 확보다. 핵 발전소 건설에는 사업 진출 유형에 따라 다양한 재원 조달 방식이 있다. 많은 시간과 비용이 투자되기 때문에 건설 기간 동안 사용할 재원을 확보하기가 쉽지 않고 위험성까지 갖고 있기 때문이다. 1970년대 한국이 처음 핵 발전소를 도입할 때 고리 1호기 건설을 위해 1억 7390만 달러(당시 가격 기준)가 외국 자본으로 유입됐고, 월성 1호기를 건설할 때도 캐나다 로얄뱅크 등이 차관 형식으로 재원을 빌려줬다. 이번 UAE 핵 발전소 수주 금액이 186억 달러에 이르지만, 한국이 90~110억 달러를 대출하는 조건으로 계약이 성사됐다. 아직 한국의 은행은 100억 달러 이상의 자본을 조달해본 경험이 없다. 그래서 UAE 핵 발전소 수주 당시에는 수출입은행과 수출보험공사가 나서고 국내에 지점이 있는 외국계 기업이 도움을 주는 방식으로 어렵게 재원 조달 문제를 매듭지은 것으로 알려지고 있다. 상황이 이렇다 보니 핵 발전소 건설 수주를 했더라도 돈은 외국계 기업들이 다 가져간다는 자조 섞인 목소리까지 나오는 것이 현실이다. 얼마 전까지 UAE에 이어 두 번째 수주 가능성이 높다고 정부가 자랑하던 터키 원전 수주가 실패한 뒤 "러시아의 방식(원전 건설 재원 자체 조달)은 리스크가 굉장히 크다. 우리는 러시아처럼 하지는 못한다"고 한 지식경제부 장관의 말을 통해 재정 조달과 관련한 문제가 얼마나 심각한지 알 수 있다.

하지만 문제는 다음부터다. UAE 수출을 계기로 더 많은 핵 산업계 인력을 양성하겠다는 계획을 발표하고, 국민의 세금을 쏟아부었는데도 적절한 성과를 거두지 못한다면 어찌되겠는가? 또한 한국이 핵 산업 이외의 다른 산업을 주력 산업으로 하면 안 되는가? 한국의 주요 미래 산업에 대해 국민은 동의하고 있는가? 최근 중국이 프랑스와 상업용 원자로와 우라늄 채굴 등에서 '동반자 관계'를 선언하고 일본도 한국의 원전 수출에 자극받아 '국제원자력개발사'를 설립하는 등 중국, 베트남, 터키 등 아시아 시장을 놓고 경쟁을 선포하고 있다. 그리고 그곳에는 이미 많은 수주 경험을 쌓은 백전노장들이 포진해 있다. 여기에 민간 기업이 아닌 공기업이 국가의 지원을 받아 뛰어들어야 하느냐 하는 문제는 많은 토론과 고민이 필요할 것이다.

반복되는 지역간 불평등 — 이제 더 이상 희생을 요구하지 마라!

후쿠시마 핵 발전소 사고 이후, 신규 원전 부지로 신청한 삼척에 시선이 집중되고 있다. 삼척시장이 지역 경제를 활성화시켜야 한다며

덜컥 유치 신청을 한 탓이다. 그런 와중에 일본 후쿠시마 핵 발전소 사고가 터지고 나니, 잠잠하던 삼척 지역 주민들의 여론이 반전하기 시작했다. 위험한 핵 발전소는 안 된다는 목소리가 커지고 있는 것이다. 급기야는 2011년 4월 재보선에서 강원도지사로 나온 한나라당과 민주당 후보 모두, 삼척 핵 발전소 유치를 반대하고 나섰다. 한나라당 엄기영 후보는 애초에 찬성 의사를 표시했다가 삼척 주민들의 반대 여론에 직면하면서 방침을 뒤집은 것이라고 평가되고 있다. 민주당의 승리로 끝난 선거 결과는 핵 발전소 문제가 어느 정도 영향을 끼쳤을 것이다.

그동안 지역의 핵 발전소 건설 반대 운동을 정부와 보수적인 언론들은 해당 지역 주민들의 '님비'라며 비난해왔다. 좁은 국토에서 어디엔가 발전소를 건설해야 한다고 전제하면서, 그렇다면 인구가 밀집한 지역이 아니라 상대적으로 인구가 적은 곳에 발전소를 건설할 수밖에는 없다는 것이다. 그러나 달리 생각해볼 점이 너무나 많다. 전기를 전혀 쓰지 않고 사는 사람들이 있다면 모를까, 그렇지 않다면 전기를 생산하기 위해 발전소가 들어서면서 위험을 떠안아야 하는 지역과 단지 전기를 소비하며 혜택을 누리는 지역 사이의 형평성 문제를 짚고 가지 않을 수 없다.

한국의 경우 전기 소비는 점점 늘어나고 있다. 1980년 일인당 전기 소비량이 859kW이었던 것이 2009년 일인당 8092kW가 됐다. 그 사이 에너지 다소비 산업이 확대된 영향이 컸겠지만, 일인당 전력 소비가 9.4배 늘어난 것은 분명한 사실이다. 그런데 대부분의 전력을 사

주요 시도별 발전량, 판매량, 전력 자급율(2009)			
시도	발전량(MWh)	판매량(MWh)	전력 자급율(%)
서울	845,146	44,984,457	1.9
부산	36,058,741	18,689,437	192.9
인천	54,308,251	20,032,122	271.1
충남	107,224,714	32,115,473	333.9
전남	65,611,661	23,589,470	278.1
경북	71,951,251	37,983,313	189.4

출처: 전력통계정보시스템(EPSIS)

용하는 곳은 수도권이다. 전력 생산과 소비의 지역적 불균형은 조금 뒤에 살펴보기로 하고, 그 전력을 수도권에 공급하는 과정의 문제점을 검토해보자.

정부는 수도권에 전력을 공급하기 위해 그동안 76만 5000볼트의 초고압 송전탑을 계속 건설했다. 이미 서해안 화력 발전소의 전력을 공급하기 위한 당진~신안성 구간과 울진 핵 발전소의 전력을 공급하기 위한 신태백~신가평 구간에 76만 5000볼트의 초고압 송전탑이 완성됐다. 특히 신태백에서 신가평 구간은 자연 경관이 뛰어난 태백산맥을 넘는 구간으로, 건설 당시 인근 지역 주민들과 환경단체의 많은 반대에도 불구하고 정부가 건설을 강행한 구간이다. 거기에 이어 현재 정부는 신경남에서 수도권을 향한 구간의 76만 5000볼트 초고압 송전탑과 변전소 건설 계획을 추진하고 있어 벌써 몇 년째 밀양 주민들과 충돌이 이어지고 있다.

이 모든 것은 서울과 수도권에 전력을 공급하기 위한 계획이다. 핵 발전소가 모여 있는 부산, 경북, 전남은 전력 소비에 견줘 2배 이상의 전력을 생산하고 있다. 부산의 경우, 인구 400만 명이 모여 있는 대도시 지역이어서 전력 소비가 상대적으로 많은데도 고리 1~4호기 때문에 많은 발전량을 기록하고 있는 것이다. 화력 발전소의 경우 더욱 심각해서 태안, 당진 등 대규모 화력 발전소가 밀집한 충남의 경우 전력 자급율이 300퍼센트가 넘고, 영흥화력과 각종 복합 화력이 모여 있는 인천도 270퍼센트 이상의 전력 자급율을 기록하고 있다. 이 지역들 역시 산업 단지와 대도시가 있는 지역이어서 자체 전력 수요가 많기는 하지만, 필요량보다 2~3배 많은 전력을 이미 생산하고 있다. 반면 서울의 전력 자급율은 저조하다 못해 민망할 정도다. 매년 2~3퍼센트대를 기록하던 서울의 전력 자급율은 2009년 1.9퍼센트로 떨어졌고, 최근 몇 년 동안의 수치를 보더라도 개선될 여지가 보이지 않는다. 많은 서울 시민이 자기가 사용하는 전력에 대해서는 '전혀' 관심을 보이지 않고 있는 가운데, 다른 도시들은 자신의 전력 수요보다 훨씬 많은 양의 전력을 공급하기 위해 발전소와 송전탑 문제로 몸살을 앓고 있는 것이다.

특히 핵 발전소 건설을 둘러싼 논란은 더욱 심각하다. 이번에 신규 부지 후보지로 선정된 지역은 대부분 과거 핵 발전소 부지로 선정됐다가 백지화 절차를 밟은 곳이다. 각 지역 주민들은 그동안 치열한 반대 운동을 벌여 백지화를 이끌어냈다. 삼척의 경우 원전 백지화 기

넘비와 기념 공원을 세웠으며, 해남도 백지화 기념대회를 열 정도로 지역 내 반대 운동이 폭넓게 벌어진 지역이다. 하지만 단지 세월이 지났다는 이유만으로 이 지역들은 다시 핵 발전소 후보지로 거론됐고, 또다시 삼척 주민들은 반대 운동에 나서고 있어 많은 사회적 비용과 역량을 낭비하고 있는 것이 우리의 현실이다.

핵 발전소 건설은 엄청난 혜택? 지역경제의 종속화!

정부와 한국수력원자력 측은 핵 발전소 건설 지역에 많은 재정적 지원이 더해져 지역 경제가 활성화될 것이라고 계속 선전하고 있다. 삼척의 경우, 핵 발전 6기 건설에 21조의 사업비가 투여되며 이후 제2원자력연구소, 스마트 원자로 건설 등까지 합하면 모두 200조의 경제 효과가 있을 것이라는 이야기가 지역 내에서 돌고 있다. 과연 그렇게 많은 재원이 지역에 풀리게 되고, 지역 경제에 도움이 될 것인가? 이미 많은 국책 사업 진행 과정에서 보듯이 건설 사업비가 그대로 지역에 풀린다는 것은 허황된 이야기다. 특히 핵 발전소의 경우, 원자로 등 주요 핵심 부품은 핵 발전소 건설 부지에서 만드는 것이 아니라 외부에서 만들어 옮겨오며, 핵심적인 시설 등은 토목 공사로 가능한 것이 아니라 고도의 기술이 필요하기 때문에 지역 경기 활성화하고는 큰 상관이 없다.

부지를 유치하면 주어지는 지역 지원금이 있기는 하다. 발전소 건설과 관련해 지역에 지원하는 지원금은 크게 발전소주변지역지원

에 관한 법률에 따른 기금 지원금과 발전 사업사가 지급하는 사업
자 지원금으로 나뉜다. 기금 지원액은 지자체가 관리하도록 돼 있
어 발전소 인근 지역뿐만 아니라 해당 지자체 전역에 사용하게 돼
그 지원액의 사용을 둘러싼 논쟁이 끊이지 않고 있으며, 그동안 지
자체에서 지원금의 활용 범위를 넓히기 위한 법 개정 활동을 여러
차례 진행한 바 있다. 또한 사업자 지원금은 2006년부터 생겨난
지원금으로 발전 사업자(한국수력원자력)가 직접 관리해 지역의
각종 사회단체에 문화 진흥, 지역 사회 복지 명목으로 지원하게
되어, 사실상 지역 시민사회를 회유하는 데 사용돼 왔다. 몇 푼 안
되는 돈을 얻어 쓰기 위해서 지역 공동체가 흔들리고 있는 것이다.

법적 근거도 없는 핵 발전소 유치 신청

전국민이 연평도 사태와 이에 따른 '한미연합훈련'으로 불안에 떨고
있던 2010년 11월 26일. 한국수력원자력이 강원 삼척, 경북 영덕, 전
남 고흥과 해남 등 4개 지역에 신규 핵 발전소 부지 신청을 요청했다
는 보도가 나왔다. 이전부터 몇몇 지역의 핵 발전소 부지 선정설이 흘
러나오기는 했지만, 공식 발표는 이번이 처음이었다. 그런데 그 발표
시기가 고약했다. 온 국민의 관심이 연평도에 모아졌을 때 이토록 중
요한 사안을 발표하는 것은 적절한 태도는 아니다. 예전의 경험으로
보면, 핵 발전소 부지 선정과 관련된 소식은 많은 언론의 관심을 이
끄는 중대한 뉴스이며 여론의 반향도 큰 사안이다. 그러나 연평도 사

한국수력원자력이 밝히는 핵 발전소 부지 선정 절차와 법적 근거

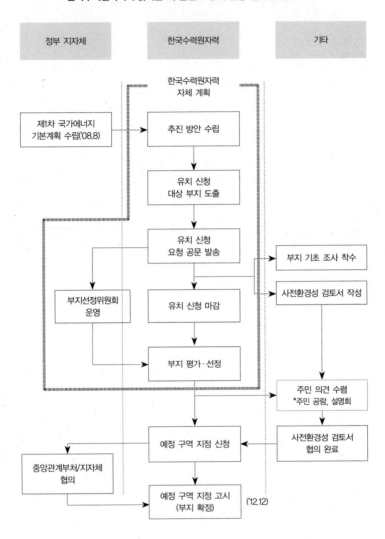

한국수력원자력(주) 보도자료, 1969, 〈신규 원전부지 선정작업 본격 착수〉.
점선은 필자가 첨가.

태와 한미연합훈련 등으로 국내뿐만 아니라 미국, 중국 등 주변국까지 긴박하게 움직이는 '일촉즉발'의 상황에 나온 발표라, 그 어느 때보다 조용히 다루어졌다.

이렇듯 소리 소문 없이 부지 신청 요청이 진행된 것도 문제지만, 더 큰 문제는 현재 진행되고 있는 신규 부지 선정 과정이 여전히 '불투명'하고 '밀실 협상'을 중심으로 진행되고 있다는 사실이다. 사업을 추진하고 있는 한국수력원자력은 대략적인 내용만 언론을 통해 알리고 있다. 1년 가까이 진행됐다는 '신규 원전입지 확보를 위한 정책수립 용역'의 결과는 어떠했는지, 이 네 지역이 왜 선정됐는지, 가장 중요한 지질 안전성에 대한 검토는 어떻게 진행됐는지, 심지어 향후 어떤 계획과 절차에 따라 핵 발전소 부지를 선정할 것인지에 대한 상세 내용이 공개되고 있지 않다.

이런 진행 방식은 2005년 경주 방폐장 선정 당시 수많은 문제점이 지적된, 그나마 주민의 의사가 조금은 반영되는 '방폐장 주민투표' 방식에 견줘 모든 것이 퇴행하고 있다고 평가할 수밖에 없다. 그때도 방폐장 후보지 지질 조사 보고서를 비롯한 각종 근거 자료가 공개되지 않았고(나중에 모두 심각한 지질 문제가 있는 것으로 드러났다), 주민투표 과정에서 공무원의 개입 등 금권 또는 관권 선거 시비가 끊이지 않았지만, 최소한 향후 일정과 계획은 설명회, 계획 공고 등을 통해 투명하게 진행됐다. 그러나 현재는 최소한의 정보라고 할 부지 선정 계획도 나오지 않은 채, "용역 결과 4개 지역이 선정됐으니, 해당 지역에서 신청하라, 신청하면 우리가 내년 상반기까지 정하겠다"는 이야기만 하고 있다.

현재 진행되고 있는 부지 선정 절차를 자세히 살펴보면, 사실상 법적 근거가 거의 없다고 평가할 수밖에 없다. 한국수력원자력이 가장 큰 근거로 내세우고 있는 '국가에너지기본계획'에는 2030년 핵 발전 비중 59퍼센트라는 숫자만 있을 뿐 실제 부지 선정을 위한 어떤 내용도 나와 있지 않으며, 발전소 건설 계획을 확정하는 전력수급기본계획 상에는 2024년까지 신규로 완공될 핵 발전소에 대한 내용이 없다. 또한 발전소 건설의 중요한 근거법이 되는 전원개발촉진법 상의 예정 구역 지정 절차는 한국수력원자력이 자체 심사를 모두 마친 뒤 2011년 6월 이후에 신청 절차를 진행할 예정이며, 예정 부지를 확정, 고시하는 시기는 2012년 12월로 잡고 있다.

다시 정리하면, 현재 진행되고 있는 핵 발전소 부지 선정 절차는 한국수력원자력이 진행하는 독자적인 절차라는 것이다. 지금까지 핵 발전소 부지 선정 과정에서 이런 과정을 밟은 적은 단 한 번도 없었다. 법적 권한이 없는 발전 사업자가 정해놓은 절차에 따라 지자체에 유치 신청을 요구하고 지자체가 이 신청에 응하는 일은, 발전 사업자가 지자체를 바라보는 '시선'을 그대로 드러낸 것일 뿐만 아니라 지자체 스스로 자신의 격을 낮추는 일로 볼 수밖에 없다. 앞서 한국의 핵 발전소 건설과 수출 정책에 대해서 여러 비판을 제기했지만, 백번 양보하더라도 이런 식으로 최소한의 법적 절차가 부재하고 관련 정보가 미공개된 속에서 진행되는 신규 원전 부지 선정 작업은 그 자체로 사회적으로 수용되기 힘든 것이다. 민주화된 사회에서 최소한의 수준에서 지켜야 할 절차까지 무시한 채 진행되고 있는 이명박 정부의 핵 발전 드라이브는 언젠가 좌초할 수밖에 없을 것이다.

핵 발전소 부지에는 핵 발전소만 들어올까

현재 추진 중인 핵 발전소 건설 계획은 모두 4기의 핵 발전소가 들어올 장소 2곳을 정하는 것을 기본으로 하고 있다. 사실 이 부분은 명확하지 않다. 한수원도 정확히 몇 곳이라고 지정하기보다는 2~3곳이라고 언급하고 있을 뿐이며, 한 곳의 면적도 '64만 평 이상'이라고 모호하게 제시하고 있기 때문이다. 실제로 삼척은 200만 평을 부지로 지정하고 있다. 국가에너지기본계획 등에 따르면 많아 봤자 6기의 핵 발전소를 더 지으면 되는데, 왜 최대 8곳(또는 그 이상)을 지정하려는 것일까? 핵 발전소 후보지를 정할 때 부지당 2~4기의 예비 부지를 선정하는 것이 일반적이기는 하다. 그러나 이미 핵 발전소 비율이 최상치까지 올라간 상황에서 이렇게 많은 부지가 필요한지는 여전히 의문이다. 그래서 나오는 게 '사용후 핵연료 중간 저장 시설'을 설치하려는 것이 아니냐는 의혹이다. 정부는 2007년부터 사용후 핵연료 관리 방안을 논의해왔고, 그중에는 '중간 저장 시설'에 대한 논의가 포함되어 있다. 정부 발표에 따르면 현재 각 핵 발전소에 보관 중인 사용후 핵연료는 2016년 저장고가 포화될 것으로 예상된다. 2016년에 실제로 포화할 것인가에 대해서는 한국수력원자력 내부에도 논란이 많이 있지만, 저장 시설 부지 선정에 대한 논의가 진행될 수밖에 없다는 것에는 큰 이견이 없다. 자연스럽게 과도하게 지정되는 핵 발전소 부지가 중간 저장 시설로 전용되는 게 아니냐는 의혹이 제기될 수밖에 없는 것이다.

핵 발전소 부지를 핵폐기장 또는 다른 시설로 전용한 사례는 이미 있다. 현재 경주에 짓고 있는 중저준위 핵폐기장이 바로 그것이다. 이곳은 원래 월성 3, 4호기 건설이 예정된 곳이었지만, 핵폐기장 건설이 공론화되면서 용도를 변경해 핵폐기장으로 사용하고 있다. 이미 삼척은 단지 핵 발전소 건설이 아니라, 제2원자력연구소, 스마트 원자로 건설지를 포함한 '원자력 클러스터' 건설 계획을 발표하고 있다. 이 부지에는 사용후 핵연료를 재처리(파이로프로세싱)하는 시설 등이 포함되어 있어 사용후 핵연료 중간 저장 시설도 포함될 가능성이 높다는 관측이 많다. 다른 지역에서 현재 추진 중인 부지 역시 이 시설이 과연 핵 발전소 건설에만 사용될 것인지에 대해서는 누구도 장담할 수 없는 것이 현실이다.

* 이 글은 진보신당 녹색위원회와 정책위원회가 공동으로 주최한 '한국의 원전증설 이대로 좋은가' 토론회(2011년 3월 24일, 국회도서관 소회의실)에 발표한 글(〈계속되는 핵 발전소 증설, 축복인가? 재앙인가?〉)과 2010 한일시민사회반핵포럼 조직위원회가 주최한 '2010 한일시민사회반핵포럼'(2010년 11월 9~10일, 서울 예수회센터 소강당)에서 발표한 글(〈핵 발전소 수출이 한국사회에 미친 영향과 시민사회의 과제〉)을 다시 정리한 것입니다.

독일은 어떻게 탈핵과
에너지 전환을 추진하고 있는가

.

박진희

후쿠시마, 독일의 탈핵 의지를 확고히 해주다

후쿠시마 원전 사고는 오늘도 여전히 진행 중이다. 사고가 어떻게 수습될지 도쿄전력이나 일본 정부는 물론이고 국제기구들에서도 정확히 알고 있지 못하다. 사고의 여파가 한국에서는 또 어떻게 나타나게 될지 정부도 갈피를 잡지 못하고 있는 형국이다. 격납 용기 파손 등으로 고농도 방사능 물질 유출이 확인된 뒤에도 편서풍에 기대어 방사능 영향권에 들지 않을 것이라 장담하던 정부의 예언은 어이없게 빗나갔다. 정부에서 예측하지 못한 경로를 통해 한반도로 방사능 물질이 유입됐다는 것이 확인되자 이번에는 그 양이 미미해 인체에 전혀 해를 미치지 않을 것이라는 주장만 되풀이했다. 국민들이 외국 기상청을 통해 실시간 방사능 물질 확산 예상 경로에 관한 정보를 접하는 동안에도 정부는 예상되는 방사능 비의 무해성만을 강조할 뿐 방사능 물질 유입에 대한 종합적인 대비책을 제공하지 않았다.

후쿠시마 원전 사고가 나면서 국내 원전의 사고 가능성을 염려하는 목소리들이 나왔지만 정부는 원자로 설계형의 차이를 들어 예의 안전론으로 대응했다. 체르노빌 원전이 우리와 같은 가압형 원자로였다는 사실은 언급하는 일 없이. 그리고 후쿠시마 사고의 원인은 원자로 설계 차이 때문이 아니라 우리 핵 발전소와 동일한 구성 요소인 비상 냉각 시스템의 고장, 외부 전력 계통과 단절된 데 있었고, 이런 사고 가능성은 우리의 경우에도 충분히 존재하고 있는데도 이 점을 지적하지 않았다. 안전 대책으로 공식 발표한 것은 안전 점검을 강화한다는 것과 내진 설계를 6.5에서 7로 높인다는 것뿐이었다. 핵 발전소 안전을 감독할 위원회가 발전소 사업 추진체 기관에 속해 있어 감독 소홀이 제도적으로 보장되어 있으며, 핵 발전소 사고에 대비한 방재 대책이 문서로만 존재한다는 문제에 대한 정부의 발표는 나오지 않고 있다. 이미 정부는 핵 발전소의 위험을 더욱 가중시킬 것으로 보이는, 전력 비중에서 핵 발전 비중을 높이는 확대 전략을 유지한다는 확고한 방침을 밝혔을 뿐이다. 체르노빌을 능가하는 최악의 사고라는 후쿠시마 사고에도 꿈쩍 않는 핵 발전 중독에서 정부는 어떻게 벗어날 수 있을까?

방사능 물질의 직접적 영향권에 있는데도 무덤덤한(?) 우리 정부, 사회와 달리 수천 킬로미터 떨어져 피해라고는 없는 독일 정부와 사회는 마치 독일에서 핵 발전소 사고가 일어난 것처럼 반응하고 있다. 1호기가 폭발한 직후, 독일 정부는 노후된 핵 발전소 7곳의 가동을 즉각 중단했다. 그날 독일 전역으로 6만여 명이 모여 핵 발전소 폐쇄를 요구하는 시위를 벌였다. 이어 26일에는 체르노빌 이후로 최대 규모인 25만 명이 참가한 반원전 시위가 독일 전역에서 있었다. 그리고 독일 시민들은 탈핵 정책을 일관되게 주장해온 녹색당 주의원들을 당선시키고, 최초의 녹적 연정을 성공시키는 방식으로 핵 발전소 반대 의지를 표명했다. 이런 시민사회의 요구로 현재 집권 중인 기민당과 자유당 연정은 2010년에 결정된 원자로 수명 연장 정책 철회 수순을 밟고 있다.

2009년에 독일은 2021년으로 예정된 마지막 원자로 폐쇄 일정을 원자로 수명 12년 연장을 통해 2033년까지 지연시켜 놓았다. 메

르켈 총리는 7기 가동 중단을 지시한 다음 날, 원자로 안전위원회 Reaktorsicherheitskommission에서 원자력의 기술적 안전을 근본적으로 검토하게 하는 한편, 탈핵 발전에 대한 사회적 합의를 다시 한 번 도출하고자 '안전한 에너지 공급을 위한 윤리위원회'를 구성해 학계, 종교계, 업계 대표들이 참여하도록 했다. 여기서는 원자로 수명 연장 정책이 원점에서 재검토될 예정이다. 한편 환경부 장관은 수명 연장 정책 철회를 기정사실화하는 것에서 나아가 2001년에 발표된 '적녹 연정'의 원자력 합의안보다 빠르게 탈핵 정책을 추진하겠다고 하고 있다. 그렇게 되면 2017년에 독일의 마지막 핵 발전소가 가동 중단에 들어갈 것이라고 한다. 독일 생태연구소Öko-Institut에서도 3월에 발간한 보고서에서 마지막 원전 폐쇄를 2015년으로 앞당길 수 있다고 봤다. 현재독일 사회에서 탈핵을 향한 에너지 전환에 뚜렷하게 반대하고 있는 집단은 거대 핵 발전소 운영 회사들과 관련 이해 당사자들뿐이다.

선진 산업국 중 유일하게 탈핵을 선언하고 이것을 2017년에 실현하겠다는 독일의 실험은 과연 성공할 수 있을까? 그리고 우리에게는 혁명적으로, 아니 무모해 보이는 이 실험에 대한 사회적 합의는 어떻게 가능했을까? 여기서는 핵 발전을 둘러싼 독일 사회의 논쟁의 역사와 핵 발전의 대안으로서 재생 가능 에너지 정책의 발전을 중심으로 이 실험의 성공 가능성을 가늠해볼 것이다. 현재의 에너지 정책, 제도, 축적 기술들에 근거해서 독일 정부가 목표로 하는 탈핵 시나리오가 어떻게 실현될 수 있는지 살펴보는 과정을 통해 우리도 탈핵의 가능성을 가늠할 수 있을 것이다.

반핵운동과 원자력 합의

독일 사회에서 탈핵 구상이 정책으로 구체화되기 시작한 계기는 1998년 사민당과 녹색당의 연립 정부 탄생이다. 반핵운동을 기반으로 성장한 녹색당은 연립 정부 구성의 조건으로 핵 에너지 이용 중단 정책을 주장했다. 이 제안은 1999년 1월 적녹 연정에서 공식적으로 핵 에너지 이용을 중단하고 2000년부터 재처리를 금지한다는 내용을 담은 원자력법 개정에 합의하는 형태로 받아들여졌다. 이 합의는 2000년 6월에 총리와 핵 발전소 운영사인 거대 전력 회사 경영진들과 의견 조율을 거치며 내용이 완화되기는 했지만, 탈핵의 기조는 유지된 채 이행의 실마리를 찾게 됐다. 그리고 '2000년 6월 14일의 원자력 합의'라는 이름으로 2001년 6월에 전력 회사 경영진들과 정부가 공식 서명하고 공표함으로써 세상에 알려졌다. 이 합의는 연말에 '2002년 원자력법'이 개정되어 법적 구속력도 갖게 됐다. 핵 발전소 20기로 전력의 약 30퍼센트 이상을 공급받던 산업국 독일이 탈핵의 역사적인 첫발을 내딛게 된 것이다. 이 합의에 따라 마지막 핵 발전소 가동 중단은 빠르면 2021년으로 예정돼 있었다.

그런데 이 원자력 합의는 적녹 연정의 정치적 합의의 산물만은 아니었다. 여기에는 1970년대 중반부터 시작된 독일 시민사회의 끈질긴 반핵, 반원전 운동이 배경으로 자리하고 있다. 다른 유럽 사회와 마찬가지로 독일에서도 핵 에너지 사용을 두고 1960년대부터 사회적 논란이 있어왔다. 핵 에너지의 평화적 사용이 핵 발전이라는 찬성론자의 주장에도 불구하고 핵 발전의 기본 원리가 원자폭탄과 동일하

원자력 합의

I. 서론

핵 에너지 사용의 책임성을 놓고 수년 동안 이어온 논쟁은 사회 분열을 낳고 있다. 에너지 공급 회사는 핵 에너지에 대한 상이한 견해를 그대로 유지한 채로 핵 에너지를 이용한 전력 생산을 절차적으로 마감하고자 하는 연방 정부의 결정을 존중한다.

이런 배경에서 연방 정부와 에너지 공급 회사는 현재의 원자력 발전 사용을 정해진 연한에 한정한다는 것에 서로 합의한다. ……

II. 현존 설비 운영 기간의 제한

1. 각 발전 설비에 대해 2000년 1월 1일부터 가동 중지까지 최대 생산할 수 있는 전기량(잔존 전기량)을 정한다. ……

2. 잔존 전기량(순량)은 아래와 같이 계산한다.

- 각 발전 설비에 대해 상업 가동 시작부터 규정 수명을 32년으로 하고, 이것을 토대로 2000년 1월 1일부터 남아 있는 운전 수명을 계산한다. ……

- 각 발전소에 대해 1990년부터 1999년까지 최대 연간 생산량 5년치를 평균한 것을 연간 기준량으로 한다. ……

IV. 폐기물 처리

…… 방사성 폐기물 처리는 2005년 7월 1일부터는 직접 최종 처리장에서 하는 것으로 제한 ……

다며 핵 발전의 위험을 경고하는 반대론자들을 완전히 설득할 수는 없었다. 핵 발전을 둘러싼 논쟁들은 1970~71년에 핵 발전소 예정 부지 주민들의 발전소 반대 운동으로 격화됐다.

한편 시민사회의 이런 반대에도 불구하고 1973년 오일쇼크를 겪고 난 독일 정부에서는 석탄과 핵 발전을 주요한 전력 에너지원으로 하는 에너지 정책을 강화했다. 독일 정부 계획에 따르면, 1985년까지 40개의 신규 핵 발전소가 들어서게 돼 있었다. 그러나 이런 정부의 계획은 1975년 독일 역사상 최초의 대규모 핵 발전 반대 시위로 기록되는 비일Wyhl 반대 운동으로 축소될 수밖에 없었다. 핵 발전소 계획이 마무리되고 허가 절차도 거의 끝날 무렵, 예정 부지인 비일 시민들은 정부에 발전소에 관한 더 자세한 정보를 요구했다. 자신의 마을에 들어오게 된 원자력 발전이 정말로 필요한 것인지, 발전소 때문에 마을이 겪게 될 피해는 없는지 의문을 제기한 것이다. 이런 시민들의 요청에 정부가 대응을 하지 않자 법적인 소송을 벌였지만 별다른 성과를 가져다주지 못했다. 시민들은 급진적인 방법을 쓸 수밖에 없다고 판단해서 예정 부지 점거에 들어갔고, 정부는 무자비한 경찰 폭력에 의지해서 시위대를 해산할 수밖에 없었다. 비일에 이어 1976년에는 브로크도르프Brokdorf 핵 발전 반대 평화 시위가 전투 경찰에 의해 해산되면서 정부와 핵 발전 반대자 사이의 갈등은 최고조에 이르게 됐다. 브로크도르프에서 벌어진 경찰과 시위대의 싸움은 내전을 방불케 하는 것이었고, 이 장면들이 방송을 통해 생생하게 전달되면서 독일 전역에 핵 발전 반대 시민단체들이 결성돼 브로크도르프 지원에 나섰다. 이 사건을 계기로 핵 발전 반대 운동은 최고조에 이르게 되고, 독일 사회 전체가 핵 발전 논쟁에 휩싸이게 됐다. 이 반대 운동은 재처리 설비와 사용후 핵연료 최종 처리장으로 선정된 고어레벤Goreleben에서 이어져 1979년에 시위대가 다시 부지를 점거하게 됐다. 1976년에 4만 명이 브로크도르프 시위에 참가했다면, 1979년 고어레벤 반대 시위에는 10만 명이 참가했다.

이런 격렬한 반대 운동으로 핵 발전에 대한 여론도 변해갔다. 1975년 5월에 시행된 여론조사에서는 '당신이 거주하는 인근에 핵 발전소가 들어온다면, 당신은 찬성하시겠습니까 반대하시겠습니까?'라는 질문에 28퍼센트만이 반대 의사를 표명했는데, 1976년 12월에는 반대가 47퍼센트로 늘어났고 35퍼센트만이 찬성한다는 의사를 밝혔다. 정부 차원에서는 비일에서 벌어진 시위 이후 시민단체 대표, 원전 운영 회사 등 이해 당사자들이 견해를 나눌 수 있는 '핵 에너지에 대한 시민대화Buergerdialog Kernenergie'를 조직해 정부 정책을 설득하려고 했지만, 1977년까지 이어진 이 대화는 별다른 성과를 이끌어내지 못하고 시민사회의 신뢰도 얻지 못했다. 시민단체들은 반대 시위를 조직하는 한편, 정부의 에너지 정책에 대한 대안들을 독자적으로 마련하기 시작했다. 즉각적인 핵 발전 중단은 불가능하다고 판단한 이들은 핵 발전에 대한 대안으로 에너지 절감 정책과 재생 에너지 기술 개발을 요구했다. 핵 발전 중심의 에너지 정책 대신에 현재의 에너지 소비를 효율화해 에너지 소비를 감축하면 거대 용량의 핵 발전을 증설할 필요가 없고, 에너지 수요를 핵 발전이 아닌 재생 에너지로 충당할 수 있도록 재생 에너지 기술 개발에 정부의 적극적인 투자가 필요하다는 의견을 피력한 것이었다.

이런 시민들이 제기한 대안들은 이것을 주요 정책 기조로 내세울 수 있는 정당이 창립되면서 정치 의제화될 수 있었다. 핵 발전 반대 운동에 적극적으로 참여한 이들, 지역 환경운동을 이끌던 이들이 주축이 되어 1979년 최초의 환경 정당인 녹색당이 창립된 것이다. 지역 활동을 기반으로 1983년 마침내 의회 입성에 성공하면서 녹색당은 재생 에너지 중심의 탈핵 대안을 의제화할 수 있던 것이다. 한편 핵 발전 반대 운동이 전개되면서 정부의 핵 발전 찬성 논리에 대항할 수 있는 논리들이 이른바 대항 전문가들에 의해 만들어지게 됐다. 생물학자, 물리학자, 엔지니어, 변호사를 비롯한 법조계 전문가들도 다수 반대 운동에 참여하면서 시민들의 핵 발전 반대 논리에 전문적 근거들을 마련해준 것이다. 전문가들의 참여는 이후 1977년에 창립된 '생태연구소Oeko Institute' 같은 대안 연구소의 발전을 가져오기도 했다.

이런 반대 운동은 그러나 정부의 핵 발전 정책 기조를 저지하지는 못했다. 반대 운동이 거세던 브로크도르프와 비블리스 핵 발전소는 몇 년 늦춰지다가 예정 부지에 그대로 건설됐다. 그러나 1986년 역사상 최대 핵 발전 사고인 체르노빌 사고가 터지면서 핵 발전 반대 운동은 다시 힘을 얻게 됐고, 정치권에서도 본격적으로 탈핵이 의제화됐다. 사고 이후 독일에서 핵 발전에 찬성한다는 의견은 10퍼센트를 넘지 못한 반면 반대 의견은 70퍼센트를 넘게 됐고, 사민당에서도 본격적으로 단계별 원전 폐쇄를 의제화하기 시작했다. 신규 원전 건설은 전면 중단됐고, 사민당과 녹색당 등 정당들에서는 집권 여당에 탈핵에 관련된 정치적 합의를 요구하기 시작했다. 그리고 이 요구는 1998년 적녹 연정의 출범과 함께 원자력 합의로 이어졌다.

재생 에너지 정책의 출현과 탈핵으로 가는 지그재그 행보

핵 발전에 대한 시민사회의 거센 반대에 직면한 독일 정부는 1977년 마침내 1985년까지 예정된 원전 건설 계획을 50퍼센트 규모로 축소한다는 결정을 내리고, 핵 에너지 이외의 기술 발전에도 투자를 늘리겠다는 의지를 밝혔다. 정부의 이런 의지는 에너지 효율 증가와 재생 에너지 기술 개발을 지속적으로 주장한 시민사회의 지지를 받았고, 연방 의회에서는 에너지 정책에 관한 앙케트위원회를 구성해 조사 보고서를 작성하게 했다. 1980년에 발간된 위원회의 보고서는 시민사회의 주장대로 에너지 정책에서 에너지 효율과 재생 에너지에 정책 우선권을 부여해야 한다고 권고해, 정부의 재생 에너지 개발 노력을 촉구했다. 한편 동시에 핵 발전의 유지도 주장하고 있었다.

1981년에는 연구기술부에서도 에너지 정책에 관한 5년 연구 프로젝트를 발주했는데, 이 프로젝트 보고서는 재생 에너지와 에너지 효율 정책이 '자유 사회의 가치에 부응하고 이 개발에 들어가는 비용이 플루토늄에 기반한 에너지 공급에 비해 훨씬 낮다'는 결론을 내리고 있었다. 이 보고서는 때마침 1986년 체르노빌 사고 무렵에 발간돼 독일 사회에 큰 반향을 불러일으키기도 했다. 이런 여론에 힘입어 1974

년에 2000마르크에 불과하던 재생 에너지 연구개발비가 1982년에 3억 마르크로 급증할 수 있었다. 그러나 아직까지는 독일 국내에 적용될 기술 개발보다는 제3세계 수출을 겨냥해 전력 계통 연계를 고려하지 않은 기술 개발에 제한되고 있었다. 게다가 1982년 기민당이 정권을 잡으면서 재생 에너지 개발 투자는 다시 줄어들게 됐고, 핵 발전과 석탄 에너지원 관련 예산들이 다시 급증하게 됐다. 재생 에너지 기술 개발은 정부 차원의 지원이 아닌 경제부와 연구기술부 등 특정 부서 차원의 지원으로 이어지고 있을 뿐이었다. 제도적인 지원이라고는 경제부가 거대 전력 회사에게 관할 지역에서 생산되는 재생 에너지 전기 구입을 의무화한 것인데, 세부 실행의 강제 사항이 없어서 효과를 거두지 못했다. 연구기술부에서도 소규모 실증 프로젝트에만 투자할 뿐이었다.

그러나 이 시기에도 연방 정부의 재정 지원을 받아 풍력, 태양전지 개발 프로젝트가 진행돼 대학, 연구소, 기업들이 연구 인력을 계속 양성할 수 있었다. 1977년에서 1989년까지 전국 규모로 40여 개 풍력 프로젝트가 진행돼 18개 대학, 39개 기업이 참여할 수 있었고, 12개 연구소에서 태양전지 연구를 계속할 수 있었다. 이 프로젝트들은 연구뿐만 아니라 시연 단계에서도 재정 지원을 받을 수 있어 1983년에서 1991년까지 124기의 풍력 발전기가 설치될 수 있었다. 그 결과 태양전지 분야에서도 유럽 최대 규모의 실험 단지를 조성할 수 있었다. 틈새 연구로 진행되기는 했지만, 이렇게 마련된 공간을 통해 재생 에너지 응용 기술 학습이 가능해졌고, 지식도 축적할 수 있었다. 프로젝트 진행과 더불어 태양에너지산업협회, 태양에너지연합, 유로 솔라 등 재생 에너지 정책에 영향을 줄 수 있는 단체들도 결성됐다. 70년대 말에서 80년대 결성된 이 단체들은 재생 에너지 기술에 결정적인 영향을 주는 전력구매법 등의 제도가 형성되는 데 결정적 구실을 했다.

1986년의 체르노빌 사고는 재생 에너지 기술 개발에도 결정적인 구실을 했다. 탈핵 논의가 본격화되기 시작하면서 재생 에너지 기술에 대한 사회적 관심이 높아졌다. 한편 같은 해 독일 물리학협회에서 독일 사회가 곧 기후 재난의 위협에 직면할 것이라고 경고하기 시작했고, 1987년 정부에서도 '기후 이슈'를 가장 중요한 환경 문제로 선언하기에 이른다. 연방 의회에서는 기후에 관한 특별 앙케트위원회가 구성돼 에너지 사용의 근본적 전환을 요청하는 의견이 제시됐다. 위원회의 결론은 초당적으로 받아들여졌고, 의회는 정부로 하여금 재생 에너지 공급을 늘릴 수 있는 실질적인 정책들을 실행하라고 압박했다. 그러자 연구부와 환경부에서는 우선 풍력과 태양광 전기 시장을 촉진하기 위해 1000호 태양광 지원 프로그램과 100MW 풍력 발전 프로젝트를 시작했다.

풍력 발전 프로젝트에서는 풍력 전기 생산자로 하여금 전기 시장에서 생산 비용을 충당할 수 있게 하는 고정된 전기 가격으로 팔 수 있도록 하는 제도적 장치를 마련했다. 나아가 전기 가격에 관한 법을 손질해 재생 에너지원으로 생산된 전기에 대해서는 생산자가 값비싼 발전 비용을 보전할 수 있도록 높은 가격을 받을 수 있게 했다. 이 조항은 1990년에 '전력매입법'으로 구체화됐다. 이 법에 따르면, 기존 발전업자들은 재생 전기를 전력 계통망에 연결해야 하고 생산된 전기를 소비자의 90퍼센트에서 구매해야 했다. 프로젝트 지원, 각종 보조 제도와 더불어 전력매입법은 특히 풍력 발전에 유리하게 진행됐다. 태양광의 경우 전력매입법에서 정해진 가격이 생산 비용을 충당하기에는 낮았기 때문이다. 그러나 매입법의 도입은 재생 에너지원 전력 공급을 급격하게 증가시켰다. 1989년에 20MW에 불과하던 재생 에너지 전기 설비 용량은 1995년에 490MW로 급증했다. 한편 태양광 설비는 주 정부 차원에서 실행된 정책들을 통해 촉진됐다. 1989년에 법이 개정되면서 주 정부 차원에서 전기 요금을 조정할 수 있게 됐고, 발전업자는 재생 에너지 전기 공급업자와 비용을 충당할 수 있을 정도의 가격에 계약을 맺을 수 있게 됐다. 지역 시민단체들은 이 정책을 재생 에너지 시장 확산에 활용하려고 했고, 주 정부를 통해서 발전업자들에게 압력을 넣어 이런 계약을 할 수 있게 했다. 아헨에서 처음 시도한 이 제도는 이내 다른 도시들로 확산됐고, 전력매입법의 약점을 보완해주었다.

이밖에 태양전지에 대한 특별 지원 프로그램을 만들어 발전업자들이 학교 태양광 발전 설비 보조를 할 수 있게 했고, 1993년에는 유로 솔라에서 10만 호 프로그램을 제안했다. 이 프로그램 아래에서 재생 에너지 발전 시장이 크게 확대되고 관련 업체들도 빠르게 성장할 수 있었고, 관련 기술 지식도 급격히 축적되면서 산업 협회들의 정치적 힘도 증대됐다.

거대 전력 회사들이 전력매입법에 불만을 품고 구매가를 낮추라고 정부에 압력을 가하거나 법적 소송으로 제도 약화를 시도했지만 성공하지 못했다. 1997년 정부에서 매입 가격을 낮추는 안을 발의하자 환경단체와 연합한 농민 단체, 교회 단체는 물론, 풍력, 태양광 협회와 좋은 투자자 협회 등 여러 단체들이 대규모 반대 시위를 조직했고, 결국 연방 의회 의원들 지지를 얻지 못한 정부는 안을 철회할 수밖에 없었다. 이 무렵 재생 에너지 정책에 대해서는 기민당 등 보수 정당과 녹색당이 큰 차이를 보이지 않았고 사회적 합의도 견고해져 있었다. 그리고 1998년 적녹 연정이 들어서면서 재생 에너지 정책은 또 다른 전기를 맞게 됐다.

적녹 연정은 원자력 합의를 이끌어내는 한편, 환경세를 도입해 산업계의 에너지 효율을 강화하고 법 체제를 재생 에너지에 유리하도록 정비하면서 10만 호 태양광 프로그램을 시작했다. 이 정책들은 에너지 효율과 재생 에너지원을 축으로 하는 새로운 에너지 시스템의 구축이 시작된다는 사실을 알리는 것이었다. 단계적인 핵 발전소 폐쇄에 부응하려면 재생 에너지원이 차지하는 에너지 비중을 늘려야 했고, 법제 정비와 재생 에너지 시장 확산을 겨냥한 프로그램 지원을 통해 이 목표를 달성하려고 했다. 풍력에 견줘 상대적으로 설비 증가가 낮았던 태양광 프로그램 지원을 강화했다. 10만 호 프로그램은 투자자에게 낮은 이윤으로 대출을 해주는 방식으로 지원을 해 1999년 한 해에 9MW의 설비가 확장됐다. 한편 풍력에만 유리하던 전력매입법을 수정하자는 목소리가 높아지자 정부는 태양광 매입 가격을 현실화하고, 이 가격 모델을 20년 동안 보장해 안정적 투자가 가능하도록 하는 내용을 담은 '재생에너지법^{Erneuerbare-Energien-Gesetz}'을 2000년에 제정했다. 풍력, 태양광, 바이오매스 등 재생 에너지원으로 생산되는 전기에 대한 적절한 매입 가격이 결정됐고, 이 가격은 기술 발전에 따라 가격이 조정될 수 있게 해두었다. 전력망 연결도 재생 에너지 전기 생산업자에게 유리한 방향으로 정비됐다. 재생 에너지의 가격이 높아 최종 소비자가 지불해야 하는 전기 요금이 상승했고, 이것을 근거로 거대 전력 회사들의 집요한 반대 로비가 진행됐지만, 재생 에너지에 대한 폭넓은 사회적 지지 덕분에 재생에너지법이 탄생할 수 있었다.

재생에너지법이 공표되자 재생 에너지 발전 설비가 급속히 증가했다. 2000년 이후로 태양광 설비는 연간 40~60퍼센트의 증가를 지속했고, 부진하던 바이오매스 전기 생산 비중도 전체 재생 에너지원에서 2006년 현재 16.5퍼센트로 증가했다. 재생 에너지 설비가 증가하면서 관련 재생 에너지 산업이 크게 성장했고 기술력도 크게 향상됐다. 그 결과 2004년에 매입가를 하향 조정해도 재생 에너지 분야 투자 손실이 발생하지 않았다. 또 재생에너지법의 성공은 2008년에 '재생열법' 제정을 가져왔다. 이 법에 따르면 신축 건물 소유주는 연간 열 수요의 20퍼센트를 재생 에너지원으로 생산되는 열로 충당해야 할 의무를 지게 된다. 전력 분야에서 재생 에너지원의 비중을 늘린 것과 마찬가지로 열 분야에서 재생 에너지원을 늘려 에너지 공급의 축을 재생 에너지로 전환하려고 하는 것이다.

1998년 적녹 연정을 통해 공고화된 재생 에너지 확대 정책은 현재의 기민-자유 보수 연정에도 불구하고 큰 변화없이 지속됐다. 상대적으로 높은 전기 가격으로 국민 경제에 부담을 주고 있다며 거대 전력 회사들이 연방 의회를 통해 재생에너지법 폐지를 시도했지만 성공하지 못했다. 자유당을 제외하고는 모든 정당들에서 재생에너지법을 옹호했는데, 이 제도 아래 재생 에너지 산업이 4대 거대 전력 회사(RWE, E.ON, Vattenfall, EnBW)의 전체 고용에 버금가는 고용을 창출하고 독일의 수출을 견인하고 있었기 때문이다. 연방 환경부에 따르면, 재생 에너지 산업은 2030년에 30만 개에 이르는 직간접 일자리를 창출할 수 있을 것이라고 한다.

태양전지 생산과 풍력 발전 기술에서 독일 기업들은 세계 시장의 선두를 차지하고 있고, 석유 위기로 재생 에너지 기술에 대한 수요가 늘어나면서 이 기업들의 매출도 해마다 늘어나고 있다. 실제 에너지 생산에서도 2010년 현재 재생 에너지원은 전력 생산에서 핵 발전 비중과 비교해 3퍼센트 남짓의 차이만을 보이고 있을 뿐이다. 재생 에너지원으로 생산되는 전력의 비중은 18.3퍼센트에 이르는데, 핵 발전의 비중은 21.7퍼센트인 것으로 나타났다. 재생 에너지 비중의 증가가 기후변화에 대응할 수 있는 이산화탄소 배출 감소를 가져온다는 점에서도 재생 에너지 확대 정책에 대한 사회적 지지가 높다. 이런 배경 아래 기민당 연정 아래에서도 재생 에너지 확대 정책은 큰 틀에서 변화 없이 이어지게 됐다.

다만 2000년 원자력 합의에 관한 한 기민당 보수 연정은 2010년에 후퇴 기미를 보였다. 2000년의 원자력 합의에서 규정한 핵 발전소 수명 32년을 12년 연장해, 결과적으로 탈핵 시기를 2021년에서 2033

년까지 지연시킨 것이다. 2009년 기민당과 자유당은 연정 출범과 더불어 "재생 에너지 기술이 성숙할 때까지 핵 에너지 기술을 가교 기술 bridge technology로 활용하고, 이것을 위해 핵 발전소 수명 연장"을 고려할 것이라고 밝혔다. 현재 기술 역량상 핵 발전 기술을 이용하지 않고는 기후 변화 대응을 위한 이산화탄소 감축 목표 달성이 어렵다는 의견도 피력했다. 그러고는 2010년 9월 정부와 원전 사업자 간에 12년 연장 합의가 맺어졌고, 이어 원자력법도 개정됐다.

정부의 이런 행보에 시민들은 10만 명이 참여하는 대규모 시위로 대응했지만, 정부는 연장의 대가로 원전 업자들이 300억 유로의 에코 펀드를 조성하기로 했고 핵 발전 산업에 핵연료세를 부과해 여기서 나오는 재원으로 재생 에너지에 대한 투자를 확대할 것이라며 시위대를 달래려고 했다. 그러나 새로운 원자력법이 나온 뒤에도 정부 정책에 대한 비판은 계속됐고, 사민당이 집권당으로 있는 주 정부들에서는 2011년 2월에 수명 연장안에 대한 헌법 소원을 청구하기도 했다. 사회적 합의인 원자력 합의를 일방적으로 파기했다는 점에서 기민당과 자유당에 대한 시민사회의 비판 역시 높아지고 있었다. 이런 상황에서 독일은 후쿠시마 원전 사태를 맞이하게 됐다.

후쿠시마 사태로 빨라진 탈핵

후쿠시마 원전 사고는 기민당 연정을 맞아 퇴행하던 독일 사회의 탈핵 행보를 거꾸로 돌려놓았다. 환경부 장관이 거듭 밝힌 것처럼 이제 독일은 2000년 원자력 합의보다 더 빠르게 탈핵 사회로 전환하려 하고 있다. 수명 연장은 이미 철회 수순을 밟고 있고, 가능한 빠르게 탈핵 사회로 전환하려면 어떤 단계를 밟아야 할지, 에너지 믹스는 어떻게 해야 할지, 예산은 어느 정도 들어갈지, 이 예산은 어떻게 마련할 수 있을지에 대한 논의들이 시작되고 있다. 어떤 실행 계획이 나올지는 진행되고 있는 논의들을 더 지켜봐야 할 테지만. 독일에서 시작된 이 유례없는 실험이 어떤 방향으로 진행될지 최근에 나온 여러 에너지 시나리오에서 엿볼 수 있을 것이다. 여기서는 이 에너지 시나리오들에 근거해서 독일의 탈핵 비전이 어떻게 실현될지 알아볼 것이다. 또한 어떤 정책들에 강조점이 놓여 있고 지금까지 진행된 재생 에너지 확대 정책은 어떤 기여를 하고 있는지도 들여다볼 것이다.

시나리오들 중에서 특히 독일 항공우주센터와 프라운호퍼 연구소, 신에너지 엔지니어 연구소가 발간한 시나리오가 방향성을 잘 보여주고 있다. 이 연구소들은 지난 2007년에 '재생 에너지 확충을 위한 장기 시나리오와 전략'이라는 보고서를 발간한 뒤, 2010년 12월에 더 진전된 보고서를 다시 발간했다. 보고서에 따르면, 에너지 생산성 증가가 지금처럼 꾸준하게 이어져 전체 에너지 소비가 감소하고 재생 에너지가 차지하는 비중을 높이게 되면, 2021년에 원전 가동 없이도 에너지 수급이 원활해진다고 한다. 에너지 효율 증가 정책의 결과로 독일의 경우 단위 생산당 투입되는 에너지량이 지속적으로 감소해왔는데, 1990년 에너지 생산성을 100으로 할 경우 2009년에는 140으로 향상됐다는 것이다. 이것을 근거로 연구소에서는 2020년까지

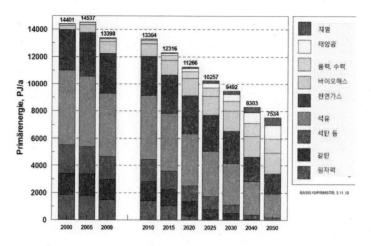

독일의 1차 에너지 소비 시나리오

출처: 독일 항공우주센터 외, 2010, 〈장기 시나리오〉.

연간 2.7퍼센트 에너지 생산성 증가를 가정할 때, 1차 에너지 소비가 2020년에 2009년의 84퍼센트, 2050년에는 56퍼센트로 감소하게 된다고 보았다. 이렇게 에너지 소비가 줄어들게 되면, 핵 발전 없이 재생 에너지 확충만으로도 에너지 수급이 가능하다는 것이다.

현재 증가하고 있는 재생 에너지 비중을 고려하면, 2020년에 1차 에너지 소비에서 재생 에너지는 19퍼센트를 차지하게 되는데, 전체 전기 소비에서는 40퍼센트, 열 소비에서는 18.1퍼센트, 수송 연료의 10.3퍼센트를 재생 에너지가 담당하게 된다는 것이다. 이 비중은 2050년에는 55퍼센트, 전력에서 86퍼센트, 열 부문에서 50퍼센트, 수송 부문에서 42퍼센트로 증가하게 된다. 특히 전력 분야에서 재생 에

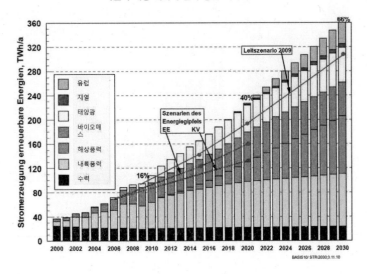

독일의 재생 에너지 전력 생산 시나리오

출처: 독일 항공우주센터 외, 2010, 〈장기 시나리오〉.

너지원이 차지하는 비중은 2030년에 66퍼센트에 이르게 되는 것으로
나타났다.

장기 시나리오와 달리, 프라운호퍼 풍력 에너지 연구소의 위르겐
슈미트는 소형 가스 발전과 현재 저장이 어려워 오스트리아 등으로
수출하고 있는 풍력 전기로 메탄을 생산해 메탄 가스 발전을 확충하
게 되면 2020년에도 핵 발전 없이도 전체 전력 수요를 충당할 수 있
을 것이라고 봤다. 이 경우 풍력이 전체 발전의 20퍼센트를 담당하게
될 것으로 보고 있다. 2020년부터는 또한 위 그래프에 '유럽'으로 표
시된, 유럽 전역에서 생산돼 독일로 수입될 수 있는 재생 에너지 전기

독일의 열 에너지 투입 시나리오

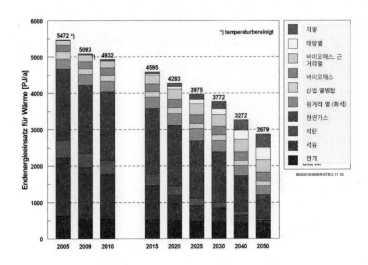

출처: 독일 항공우주센터 외, 2010, 〈장기 시나리오〉.

도 전력 수급에서 중요한 구실을 하게 될 것이다. 이 수입 전기 역시 탈핵 시나리오의 실현을 가능하게 해주고 있다.

한편 에너지 수급에서 전력 못지 않게 중요한 것이 난방 등의 열 에너지 수급이다. 전체 에너지 소비의 40퍼센트 정도가 난방 등 건축물에 쓰이는 열 에너지라고 한다. 따라서 에너지 전환에서는 열 에너지 수급을 어떻게 재생 에너지원 확충을 통해 충당할 것인가가 핵심이 된다. 장기 시나리오에서 열 에너지 분야 정책의 핵심은 건물 에너지 효율화로 열 에너지 수요를 줄이는 것이다. 2008년에 제정된 재생열법에 따라 건축물 에너지 효율화가 진행되고 있는데, 이것을 더 촉

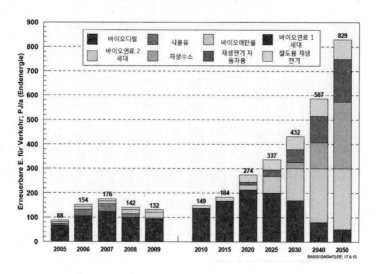

독일의 수송 분야 재생 에너지 시나리오

범례:
바이오디젤 / 식물유 / 바이오에탄올 / 바이오연료 1세대
바이오연료 2세대 / 재생수소 / 재생전기 자동차용 / 철도용 재생전기

Y축: Erneuerbare E. für Verkehr; PJ/a (Endenergie)

88 (2005), 154 (2006), 176 (2007), 142 (2008), 132 (2009), 149 (2010), 184 (2015), 274 (2020), 337 (2025), 432 (2030), 587 (2040), 829 (2050)

BASIS10/KRAF2-EE; 17.8.10

출처: 독일 항공우주센터 외, 2010, 〈장기 시나리오〉.

진하게 되면 2050년에는 2009년 열에너지 수요의 60퍼센트까지 줄어들 것이라고 봤다. 그리고 이렇게 줄어든 열 에너지 수요의 53퍼센트를 재생 에너지로 충당할 수 있다고 보았다.

수송 분야에서도 이산화탄소 감축을 위해 전기 자동차, 수소 자동차로 기존 자동차를 대체한다는 가정을 하고, 여기에 필요한 전기와 수소는 재생 에너지원으로 충당이 가능하다고 봤다. 여기서도 중요한 것은 최종 에너지 수요를 줄이는 것인데, 에너지 효율을 높이게 되면 여객 수송에서 최종 에너지 수요는 2020년에 18퍼센트 감소할 수 있고, 2050년에는 45퍼센트까지 줄어들 것으로 봤다. 바이오 연료

등 재생 에너지 연료가 전체 연료에서 차지하는 비중은 2020년 10.3 퍼센트에서 2050년에 42.3퍼센트까지 증가할 수 있다고 봤다.

풍력, 태양광, 바이오매스 등 재생 에너지원이 중심이 돼 에너지 수급을 충당하자면 무엇보다 공급에서 보이는 유동성 문제가 해결돼야 한다. 바람이 없어 풍력 전기 생산이 중단되거나 너무 많이 생산돼 남는 경우가 조절될 수 있어야 한다는 것이다. 이 문제를 해결하려면 재생 에너지 공급자와 수요자를 폭넓게 연계하는 전력망을 확충하고, 스마트 그리드 기술을 향상해 생산과 소비를 조절할 수 있어야 한다. 또한 기술적으로는 생산된 전기를 저장할 수 있는 저장 기술이 어서 개발돼야 한다. 이런 기술 개발 말고도 전기 생산 단가를 낮추기 위한 태양전지 기술의 개발 등 연구 투자에도 막대한 예산이 필요할 것이다. 이 보고서에 따르면 2010년에서 2020년까지 총 투자 금액은 2020억 유로로 추정되고, 그 뒤로 10년 단위로 2000억 유로가 투자돼야 한다. 그런데도 2050년에는 화석 기반 에너지 시스템에 견줘 재생 에너지 시스템이 독일 전체 경제에 6650억 유로의 비용 절감 효과를 가져다주어, 그동안 진행된 투자를 상쇄할 것으로 보았다.

화석 연료나 핵 발전에 들어가는 외부 비용을 고려하면, 에너지 전환이 경제적으로 긍정적인 효과를 가져다줄 수 있다. 이런 투자에 따르는 소비자 전기 요금의 상승에 대해서도, 연구자들은 가장 많은 비용 발생을 낳고 있는 태양광 부문이 줄어들고 다른 재생 에너지원 활용 기술들이 발전하게 되면 전기 가격이 급격히 상승하지는 않을 것이라고 보고 있다. 꾸준한 재생 에너지 확대 정책과 에너지 효율화

정책에 힘입어 충분한 에너지 수요 절감이 예상되고, 또한 재생 에너지 기술 수준이 향상돼 재생 에너지 비중이 확대될 수 있다는 것이다. 현재 수준에서도 가동 중단 중인 노후 원전이 폐쇄되더라도 늘어난 재생 에너지 전기로 수급에 큰 차질을 빚지 않을 것이라고 보고 있다.

독일의 에너지 전환, 우리가 가야할 길

후쿠시마 원전 사태를 계기로 독일이 탈핵 사회로 전환을 추진하게 된 것은 지난 40여 년의 역사가 있었기 때문이다. 핵 에너지의 기회와 위험에 대한 사회적 성찰이 70년대부터 시작됐고, 이것이 원전 반대 운동으로 이어지면서 재생 에너지 기술을 모색할 수 있는 기회를 갖게 됐다. 70년대 중반부터 시작된 반핵, 반원전 논쟁들 덕분에 독일 사회는 핵 발전과 거리 두기가 가능하게 됐다. 이 시기 시작된 에너지 효율, 재생 가능 에너지 정책이 적녹 연정의 출범과 더불어 에너지 정책의 근간으로 자리잡게 되면서 탈핵 기획이 구체화될 수 있었다.

전세계 발전량의 14퍼센트만이 443기의 원자로에서 생산되고 있으며, 1차 에너지 공급에서 4퍼센트 미만의 비중을 차지하고 있는 오늘날의 핵 발전의 지위를 독일 사회는 일찍 깨닫기 시작했다. 전체 에너지 소비에서 큰 부분을 차지하는 건물 난방, 수송은 원자력에 의존하지 않은 채로 유지돼왔다. 건축물 단열을 강화하고 연비를 개선해 에너지 수요를 줄이고, 열 전환이 필요없는 방식으로 난방이 가능하게 하면 재생 가능 에너지로도 충분히 수요를 충족할 수 있다고 봤다.

전력, 열, 수송 분야로 구분한 에너지 수요 절감 계획과 절감된 수요를 재생 가능 에너지 확대로 대체한다는 에너지 정책의 기본 원칙은 지속됐고, 90년대 들어서는 핵 발전의 경제성을 지탱해오던 각종 보조금 제도 개선됐다. 이런 일관된 정책의 시행이 현재의 탈핵 행보를 가능하게 해주었다고 할 수 있다.

우리 사회는 성장 일변도의 정부 정책과 환경 아래에서 성장을 거듭해온 원전 마피아의 원전 홍보 덕에 핵 발전에 대한 성찰을 제대로 하지 못했다. 핵폐기장 반대 운동이 그나마 핵 발전에 대한 성찰의 기회를 제공하기는 했지만 핵 발전 중심의 에너지 체제에 대한 근본적인 문제 제기로 이어지지는 못했다. 이번 후쿠시마 원전 사태는 원자력 신화에 젖어버린 우리 사회를 비로소 돌아보게 하고 있다. 핵 발전 설비 면적을 기준으로 한 원전 밀집도에서 1위를 차지하고 있고, 핵 발전소가 자리잡은 지역의 인구 밀집도에서도 후쿠시마를 능가하고 있는 우리의 현실을 보면서 핵 발전의 위험이 사회적으로 논의되기 시작한 것이다. 그런데 이렇게 안전 문제에서 시작된 논의들은 이제 한걸음 더 진전해야 한다. 바로 근본적으로 지속 불가능한 우리 에너지 체제의 전환에 관한 것이다. 독일 같은 탈핵의 비전을 우리 사회도 공유할 필요가 있다는 것이다. 결코 쉽지 않은 길이지만, 가지 못할 길은 아니라는 점을 인식하고 지금부터 그 길을 가기 위해 준비해야 한다. 신규 원전 증설 계획을 백지화하고 현재 있는 핵 발전소들을 단계적으로 대체해나갈 방법에 대한 좀더 구체적인 고민들이 필요하다. 이 글이 이런 고민의 단초를 제공할 수 있기를 바란다.

참고 문헌

Bernd Hirschl. 2007. *Erneuerbare Energien-Politik. Eine Multi-Level Policy-Analyse mit Fokus auf den deutschen Strommarkt*, VS Research.

Deutsches Zentrum für Luft-und Raumfahrt, Fraunhofer Institut für Windenergie und Energiesystemtechnik, Ingenieurbüro für neue Energie. 2010. "Langfristszenarien und Strategien für den Ausbau der erneuerbaren Energien in Deutschland bei Berücksichigung der Entwicklung in Europa und global Leitstudie 2010." BMU-KFZ03MAP146.

Ferlix Chr. Matthes, Ralph O.Harthan, Charlotte Loreck. 2011. "Schneller Ausstieg aus der Kernenergie in Deutschland. Kurzfristige Ersatzoptionen, Storm-und CO_2-Preiseffekte." Öko Institut e.V.

Frank Dormen, Dietmar Hawraner, Wiebke Hollersen, Alexander Jung, Armin Mahler, Peter Müller, Gerald Traufetter, Christian Schwägerl, Christoph Schwennicke. 2011. "Das War's." *Der Spiegel* 14, pp. 62~72.

Staffan Jacosson, Volkmar Lauber. 2006. "The Politics and policy of energy system transformation-explaining the German diffusion of renewable energy technology." *Energy Policy* 34, pp. 256~276.

http://hdg.de/lemo/html/DasGeteilteDeutschland/NeueHerausforderungen/Buergerbewegungen/antiAtomkraftBewegung.html

한국 사회의
탈핵 시나리오를 생각한다

·

김현우

핵 발전 안 하고도 사는 법

일본 후쿠시마 핵 발전소 사고 이후 한국 사회에도 탈핵 논의가 활발해진 것은 다행한 일이지만, 아직은 반핵 진영의 목소리도 다소 원칙론적이거나 당위적인 주장에 그치고 있는 느낌이다. 그러나 탈핵은 이제 막연한 이상이 아닌 구체적인 현실로 논의되어야 한다. 이것은 결국 현재 전체 에너지 소비의 6퍼센트, 전체 발전량의 30퍼센트 정도를 차지하는 핵 발전의 비중을 어떻게 소화할 것이냐 하는 문제다. 물론 산업사회가 도래한 이래 이제껏 우리가 취해온 자연 착취적이고 극히 낭비적인 삶의 양식을 되돌아보는 것이 우선이다. 이런 문명은 더는 지속될 수 없다. 계절마다 그리고 지역마다 체감되는 기후변화의 영향과 자원 고갈의 신호들이 그 위험을 알리는 경종이다.

하지만 핵 발전 없는 녹색사회로 전환하기 위해서는 대중적으로 공감할 수 있는 논의의 틀이 필요하다. 탈핵 한국 사회를 상상하는 데 가장 큰 반론은 수출과 소비 증가로 에너지 수요가 계속 늘고 있는 상황에서 핵 발전 증설이 불가피하지 않느냐는 주장과 함께, 핵 발전을 대체할 수 있는 에너지원이 당장 존재하느냐 하는 문제다. 둘 다 일정하게 부당한 전제를 깔고 있는 주장이지만, 핵 발전 비중을 중심으로 다르게 접근하는 틀거리를 제안할 수 있다. 요컨대 신규 핵 발전소 건설을 중단할 때 여기에 해당하는 전력분은 에너지 수요 관리와 효율화로 해결하고, 노후 핵 발전소의 단계적 폐쇄로 발생할 전력 부족분은 재생 에너지 비중 확대로 충당하는 시나리오다. 마땅히 이 과정은 한국 온실가스 배출의 유의미한 감축(교토 의정서의 부속

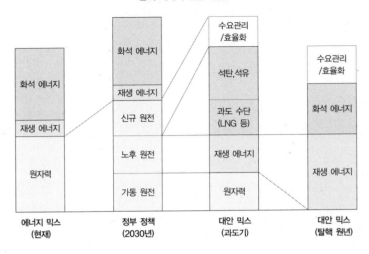

탈핵 에너지 전환 개념도

핵 발전이 본질적으로 내재하는 위험성, 사회적 비용, 폐기물 처리 등의 중대한 문제를 잠시 제쳐놓더라도, 결국 우리는 두 가지 다른 전제에서 출발한다. 우선 에너지 수요의 증대가 필연적이지 않으며, 재생 에너지의 잠재력은 핵 에너지를 대체할 만큼 크고 점진적으로 현실화될 수 있다는 것이다. 수요 관리와 효율화로 신규 핵 발전소 계획분의 발전량보다 많은 수요 절감을 달성할 수 있다면 핵 발전소 신규 건설의 논리는 지탱될 수 없다. 그리고 재생 에너지가 노후 핵 발전소와 가동 중인 핵 발전소의 발전량을 대체하는 만큼 기존 핵 발전소의 단계적 폐쇄는 더욱 가속화될 수 있다. 탈핵의 과정을 지나면 그 이후는 에너지 수요를 더욱 줄이고 재생 에너지로 화석 에너지를 점차 대체하는 것이 더욱 중요한 과제가 될 것이다. 이런 에너지 전환 설계가 가능하다면 남은 문제는 그것의 현실성 판단과 사회적 논의, 정책적 뒷받침, 그리고 투자와 노력일 것이다.

에너지 수요부터 다시 잡자

오른쪽 그래프는 주요 OECD 국가들의 일인당 GDP와 일인당 에너지소비량을 비교한 것이다. 미국을 제외한 대부분의 OECD 국가들은 소득이 증가해도 에너지 소비가 그다지 증가하지 않는, 혹은 오히려 낮아지는 경향을 보인다. 국민소득 1만~1만 5000달러 즈음에서 이른바 '소득과 에너지 소비의 분리'가 일어나고 있는 것이다. 예전에는 경제 성장을 위해 에너지 소비는 당연히 늘어나야 하며 에너지 소비는 '많을수록 좋다more is better'는 견해가 산업사회에서 일반적인 경향이었지만, 1973년의 석유 파동을 겪으면서 에너지 다이어트의 필요성을 절감한 대다수 선진국들은 에너지 체제의 체질 개선을 시도하게 되었다. 또한 경제가 일정 단계 이상 성장하게 되면 에너지 효율화 기술도 발전하고, 단순 요소 투입 위주의 성장을 지양하게 되기 때문이기도 하다. 그러나 일인당 국민소득이 2만 달러를 넘어서고 있는 한국에서 이런 분리 경향은 5차 전력수급기본계획을 포함해 정부의 에너지 정책에서 전혀 고려되지 않고 있다.

이런 분리 경향을 현실로 만들려면 수요 관리를 통해 전력 소비를 억제하는 것이 핵심 과제다. 현행 수요 관리 정책은 사실상 전력

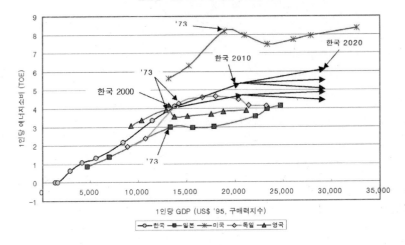

일인당 국민 소득과 에너지 소비 비교

출차: 윤순진, 2004, 〈전력정책의 쟁점〉, 《2004 전력정책의 미래에 대한 시민합의회의 종합보고서》.

공급 정책에 종속되어 있다. 전력 수요의 관리 목표를 정해 놓고 그 목표를 적극적인 기술 개발과 예산 배분을 바탕으로 한 수요 관리 정책을 통해 달성하는 방식이 아니라, 수요 증가를 전망하고 달성 가능한 수요 관리량을 제외한 뒤 수요를 확실하게 충족할 수 있도록 공급을 보장하는 방식을 취해온 것이다. 말하자면 수요 관리는 공급 안정성을 해치지 않도록 하는 수준의 위기 관리 수단 정도로 활용된 것이다. 하지만 소극적인 수요 관리를 통해 전력 수요를 줄이는 데는 한계가 있어 위 그래프에서 더 아래쪽의 화살표 방향으로 한국의 전력 소비 증가율이 완화되기는 힘들었다.

현행 수요 관리 정책은 관리 목표가 제대로 세워져 있지 못하고

JISEEF I 시나리오에 따른 전력 절감량(2020년)(단위: 백만TOE)			
최종 에너지 부문	완전 실행 시나리오	65% 실행 시나리오	35% 실행 시나리오
산업 부문	4.37	2.84	1.53
운송 부분	0.13	0.08	0.05
가정 부문	1.01	0.66	0.35
상업 부문	4.56	2.96	1.60
최종 에너지 부문 전기 소비	10.07	6.54	3.53
1차 에너지	29.22	18.98	10.24

* 출처: 존 번 외, 2004, 《에너지혁명》, 238쪽.
** TOE는 석유환산톤으로, 1석유환산톤은 석유 1톤을 연소할 때 발생하는 에너지다.

다양한 프로그램을 나열식으로 운영하며, 통합적인 추진 체계도 제대로 수립되어 있지 못한 형편이다. 더 중요하게는 전력 가격이 환경의 외부 효과를 적절히 반영하지 못함으로써, 가격 신호에 따른 수요 관리의 효과가 제대로 드러날 수 없는 문제가 지속되고 있다.

여기서 지속 가능한 에너지환경미래 공동연구소JISEEF의 2004년 연구를 주목해 볼 만하다. JISEEF는 한국이 비용 효과적인 에너지 효율성 증진 방안을 통해 핵 발전소를 증설하지 않고도 국가 경제 목표를 달성할 수 있는 에너지 대안이 가능하다는 점을 몇 가지 시나리오를 비교하면서 제시한 바 있다.

JISEEF은 한국의 에너지 효율을 개선하기 위한 방법 중 객관성이 인정되는 3000여 가지 기술 대안을 평가해 얻은 결과를 활용했는데, 이 기술들은 한국 에너지 소비의 많은 비중을 차지하면서 이미 세부

에너지 효율성 향상에 따른 원자력 발전소 건설 중단1		
에너지 선택	완전 실행 시나리오	65% 실행 시나리오
신규 원자력 발전소 용량	30.3MTOE(121.2TWh)	30.3MTOE(121.2TWh)
에너지 효율성 향상	33.6MTOE(149.5TWh)	21.8MTOE(97.2TWh)
증가된 LNG 가동	불필요	8.5MTOE(24.0TWh) 공급 28.8% ⇒ 38.8%

출차: 존 번 외, 2004, 《에너지혁명》, 239쪽.

자료가 마련되어 활용이 가능한 것들이다. 연구진은 비용 효과적이고 기술적으로 실행 가능한 에너지 효율 기술이 모두 실현되는 완전 실행 시나리오, 완전 실행 시나리오에서 조사된 에너지 소비 절감 및 CO_2 절감량의 65퍼센트만 실현되는 강화 정책 시나리오, 그리고 35퍼센트만 실현되는 완화 정책 시나리오 등 세 가지 전략을 상정했다.

JISEEF I 시나리오에서 고려된 전기 소비 분야는 한국 전체 전기 소비량 중 약 87퍼센트를 차지하는데, 이 시나리오를 65퍼센트 실행하면 전기 절약으로 절감할 수 있는 1차 에너지는 대략 19MOTE다. 나머지 13퍼센트의 소비량에도 이것과 동일한 에너지 절감이 가능하다고 가정하면 모두 21.8MTOE(97.2TWh)의 수요가 줄어들게 된다.

이것을 신규 핵 발전소 건설과 비교해보면, 완전 실행 시나리오의 경우 그 자체의 절감분(33.6TOE)만으로도 신규 핵 발전소 용량(30.3TOE)보다 많게 된다. 또한 65퍼센트 실행 시나리오를 적용하더라도 2020년의 LNG 가동률을 정부 목표인 28.8퍼센트에서 38.8퍼센트로 상향하면 신규 핵 발전소 용량을 충당할 수 있다.

JISEEF는 LNG 발전소 가동률을 올림으로써 초래되는 연간 약 700억 원의 비용 상승은 핵 발전소를 신규 건설하지 않고 에너지 효율을 올림으로써 얻을 수 있는 편익 24조 8000억 원이 충분히 상쇄하고도 남는다고 보았다. 말하자면 신규 핵 발전소 증설 없이도 장래 예측된 에너지 수요를 만족시키면서 동시에 CO_2 배출도 상당히 낮출 수 있기 때문에, 상대적으로 온실가스 배출이 적은 LNG 발전 확대가 과도기적 수단이 될 수 있다는 것이다.

이 연구의 결론은 하나의 출발점일 뿐이다. 그렇다고 해도 에너지 수요 관리와 효율화에 관한 요소 투입을 제대로 하지 않은 채 매년 2~3퍼센트의 전력 수요 증가를 전제로 작성한 제5차 전력수급기본계획과 국가에너지기본계획이 완전히 다시 작성되어야 한다는 사실은 분명하다.

핵 발전, 재생 에너지 대체 시나리오

핵 발전에서 만들어지는 전력을 재생 에너지로 대체하는 것은 가능한 일일까? 충분히 가능하지만 실행하고 있지 않다는 단순한 사실이 답이다. 에너지관리공단 신재생에너지센터에 따르면 국내 재생 가능 에너지의 기술적 잠재량은 2008년도 1차 에너지 소비량인 2억 4075만 2000TOE의 7.3배에 이른다. 그러나 지금 한국의 재생 에너지 생산량은 기술적 잠재량의 0.09퍼센트인 154만 3000TOE에 불과하다.

5차 전력수급기본계획에서 신재생 에너지 비율을 대폭 늘렸다고는 하지만 2024년에도 전체 전력 생산의 8.9퍼센트를 차지하는 정도다.

지금까지 재생 에너지 보급 분야에 의욕적인 투자가 무척 부진했던 것은 수요 추세 예측^{BAU}에 근거한 경제적인 에너지 공급을 주된 정책 기조로 삼았기 때문이다. 그리고 기존에 투자된 설비의 활용과 현 시점의 에너지 생산 단가가 판단의 중심이 되어왔다. 이렇게 되면 지금까지 많은 투자와 정부 지원이 집중됐을 뿐 아니라 폐로와 폐기물 처리 비용이 먼 미래의 것으로 치부돼 단가 산정에 제대로 반영되지도 않는, 그리고 기저부하를 담당하는 탓에 가동률마저 높은 핵 에너지가 저렴하고 유리한 수단으로 나타나는 것은 당연하다. 그러나 특히 핵 발전 중심의 에너지원 구성은 강한 경로 의존성을 갖기 때문에, 다른 에너지원 개발을 그만큼 더욱 후순위로 밀리게 만들어왔다.

앞서 살펴본 에너지 수요 관리와 효율화에 더해, 의욕적인 재생 에너지 투자를 통한 대안적 시나리오를 살펴보자. 최근 박년배 교수가 장기 에너지 대안 예측^{LEAP} 모형을 사용해 전력 부문 재생 에너지 전환의 가능성과 효과를 분석한 것을 보면 상당히 다른 결과가 나온다.

박 교수는 기후변화와 에너지 부문의 추가 정책을 고려하지 않고 2008년 발표된 기존 정부 계획과 과거의 추세를 반영한 기준 시나리오, 5차 전력수급기본계획을 반영한 정부 정책 시나리오, 그리고 전력 수요 관리를 강화하고 온실가스를 80퍼센트 감축하는 지속 가능 사회 시나리오를 설정했다. 신규 핵 발전소 건설은 중단하고 수명이 다한 발전소는 폐쇄하지만 현재 건설 중인 8기의 핵 발전소는 유지하

국내 재생 에너지 잠재량(단위: 천TOE)

		부존 잠재량	가용 잠재량	기술적 잠재량(A)	2008년 생산량(B)	% (B/A)	비고
태양열		11,159,495	3,483,910	870,977	28	0.003	태양열 시스템 변환효율(25%) 고려
태양광				585,315	61	0.010	태양광 시스템 변환효율(15%) 고려
풍력	육상	246,750	24,675	12,338	94	0.760	2MW급 육상용 국산 기기 적용
	해상	220,206	44,041	22,021	0	0.000	3MW급 해상용 국산 기기 적용
수력		126,273	65,210	20,867	660	3.614	2003년부터 수력에 대수력 포함
바이오매스	임산	135,200	6,760	2,450	684	10.56	농산물은 유채 재배를 의미
	농부산	2,330	571	190			
	농산물			990			
	축산	1,650	1,650	400			
	매립가스			306			
	도시폐기물	2,675	2,675	2,141			
지열		2,352,800,000	160,131,880	233,793	16	0.007	심부지열
해양		–	–	2,559	0	0.000	(조력 에너지)
				288	0	0.000	(조류 에너지)
총계		2,364,694,579	163,761,372	1,754,635	1,543	0.009	

* 에너지관리공단 신재생에너지센터(2009), 박년배(2011), 57쪽에서 재인용
** 부존 잠재량: 한반도 전체에 부존하는 에너지 총량.
가용 잠재량: 에너지 활용을 위한 설비가 입지할 수 있는 지리적인 여건을 고려한 값으로 활용 가능한 에너지의 양을 산정함.
기술적 잠재량: 현재의 기술 수준으로 산출될 수 있는 최종 에너지의 양을 나타낸 값으로 기기의 시스템 효율 등을 적용함.

는 것으로 하고, 2030년까지는 과도기적으로 가스 발전과 집단 에너지(가스)를 증설하며, 2050년에는 대부분 재생 가능 에너지를 통해 전력이 공급될 수 있게 가정했다.

논문의 결론에 따르면 2050년까지 원자력과 석탄, 액화천연가스 등의 전력 설비 비중을 각각 3.4퍼센트, 0퍼센트, 3.5퍼센트로 대폭 줄이고, 재생 가능 에너지 전력 설비 비중을 93퍼센트로 높인 '지속 가능 사회 시나리오'대로 전력 수급 계획을 짤 경우 누적 비용이 667조 원 정도 드는 것으로 나타났다. 반면 2050년까지 '원자력 38.7퍼센트, 석탄 19.1퍼센트, 천연가스 11.3퍼센트, 재생 가능 에너지 30.8퍼센트'의 전력 설비 비율로 '정부 정책 시나리오'를 짜면 지속 가능 사회 시나리오의 90퍼센트 수준인 605조 원 정도가 드는 것으로 분석됐다. 기준 시나리오의 누적 비용은 554조 원이다. 요컨대 지속 가능 사회 시나리오를 따르더라도 비용은 기준 시나리오나 정부 정책 시나리오 대비 약 1.2배 정도이므로, 한국의 경제 수준을 감안하면 충분히 감당할 수 있는 수준일 뿐 아니라 온실가스도 감축할 수 있다는 것이다. 탈핵을 위한 우리의 선택지가 훨씬 구체화되는 셈이다.

그런데 한국의 재생 에너지 잠재량이 상당한데도, 기술적 잠재력을 현실적으로 측정하고 보급을 확대하기 위한 법 제도를 강구하는 일은 여전히 정책의 뒷전에 있으며, 오히려 정부는 소규모 지역 재생 에너지 보급을 촉진하던 발전차액지원제도[FIT]를 2010년 사실상 폐지했다. 대신 도입한 신재생 에너지 의무할당 제도[RPS]는 당장 재생 에너지의 통계적 보급률을 높이는 효과는 있을지언정, 중장기적으로 충

각 시나리오의 에너지 믹스 비교		
시나리오	발전 설비 신설과 폐지	내생적 용량 추가 순서
기준 (Base line)	4차 전력계획(2022년까지)의 설비 신설과 폐기 반영(원전 12기 추가), 이후 수명 후 폐기	1. 원자력(경수로) 1,400MW 2. 유연탄 900MW 3. 가스복합화력 500MW 4. 집단 에너지(가스) 100MW 5. 육상 풍력 50MW 6. 태양광 20MW
정부 정책	5차 전력계획(2024년까지)의 설비 신설과 폐기 반영(원전 14기 추가, 재생 가능 전력 의무 비율 적용), 이후 수명 후 폐기	1. 원자력(경수로) 1,400MW 2. 유연탄 900MW 3. 가스복합화력 500MW 4. 집단 에너지(가스) 100MW 5. 해상 풍력 400MW 6. 육상 풍력 300MW 7. 태양광 200MW 8. 연료전지 50MW 9. 도시 고형 폐기물 30MW 10. 소수력 10MW 11. 바이오가스/LFG 10MW 12. 지열 8MW
지속 가능 사회	기존 원전 수명 후 폐기(고리1 호기 수명 10년 연장 반영), 건설 중인 원전 8기 반영, 신재생 에너지 설비는 4차 계획과 동일 등	1. 태양광 500MW 2. 해상 풍력 400MW 3. 육상 풍력 300MW 4. 소수력 10MW 5. 지열 8MW (2015년 이후) 6. 바이오가스/LFG 5MW 7. 가스복합화력 300MW (2030년 이전) 8. 집단 에너지(가스) 100MW (2030년 이전)

분한 보급 효과를 거두기 어렵다.

한국의 태양은 먼저 탈핵과 재생 에너지를 선택한 독일의 태양보다 훨씬 오래, 강하게 내리쬔다. 그런데도 정부의 3차 신재생 에너지 보급 기본계획(2008년)에서 제시하는 태양광 보급 목표는 2030년에도 전체 전력 소비량의 0.9퍼센트인 3504MW에 불과한 실정이다. 하지만 한국태양광산업협회가 최근 조사한 태양광 발전 보급 잠재량에 따르면, 부지와 건축물 현황, 기술과 경제 조건 등을 보수적으로 고려하더라도 2030년까지 전력 소비량의 10퍼센트 이상인 39GW를 공급하는 것이 어렵지 않은 것으로 나타난다. 아울러 2019년까지 영광, 부안에 추진되는 2500MW급 해상 풍력 단지는 한국 최초의 대규모 해상 풍력 단지로, 기저부하로 사용되는 풍력 에너지 보급을 본격화하게 될 것으로 예상된다.

물론 재생 에너지 보급에서 무엇보다 중요한 것은 지역 분산형 발전, 즉 '동네 에너지'의 특성과 강점을 살려야 한다는 것이다. 존 번 교수는 서울의 건축물 지붕만 잘 활용해도 태양광으로 서울 전체 에너지의 30퍼센트 정도를 충당할 수 있다고 했다. 수도권에서 에너지 소비가 집중되고, 멀리 떨어진 핵 발전소에서 수도권으로 송전하는 동안 손실이 많다는 점을 감안한다면, 수도권의 지역 재생 에너지 보급은 핵 발전의 필요성을 더욱 줄이게 될 것이다. 물론 재생 에너지 확충에는 해결해야 할 문제가 여전히 많다. 시간대별, 계절별 발전량의 차이를 극복하기 위해 그리드와 저장 설비가 개발돼야 하고, 당분간 현실적으로 존재하는 단가 차이를 극복하기 위한 국가 지원도 필수적이다. 그것은 지금까지 핵 발전에 쏟아부은 막대한 투자와 사회적 지원의 저울추를 재생 에너지 쪽으로 돌리는 것에서 시작된다.

2030년은 탈핵 원년

탈핵의 청사진이 나왔다면 시간표도 짜봐야 한다. 신규 핵 발전소를 짓지 않고, 노후한 핵 발전소부터 단계적으로 폐쇄해 독일 같은 탈핵 Phase-out을 달성하는 게 언제쯤이면 가능할까? 쟁점은 두 가지다. 건설 중인 핵 발전소를 그대로 추진하게 둘 것인가, 그리고 핵 발전소 '노후'의 기준을 어떻게 정하느냐 하는 것이다.

현재 한국의 핵 발전소 현황은 170쪽 표와 같다. 대부분 80~90년대에 건설됐는데, 가장 최근에는 2011년 2월 신고리 1호기가 상업 운전을 시작했고, 그 전에 지어진 것으로는 2005년 상업 운전을 시작한 울진 6호기가 가장 최근이다. 현재 건설 중인 핵 발전소는 대부분 2011~2014년 완공 예정이다. 탈핵과 에너지 전환에 관한 사회적 합의가 형성된다고 할 때, 이 발전소들은 어떻게 해야 할까? 이미 들인 돈이 아까우니 마저 완공하고 운전하는 게 타당할까? 그러나 핵 발전소는 가동을 시작하는 순간 폐기물을 만들어내기 시작하고 발전소 자체가 수천 세대 동안 관리해야 할 폐기물로 변하는 만큼, 탈핵을 기정사실로 한다면 짐을 더 키우지 않는 편이 낫다.

다음으로 핵 발전소의 폐기 기준을 정해야 한다. 지금까지 세계에서 폐쇄된 핵 발전소들의 평균 수명은 22년이다. 그러나 최근 건설되는 한국형 신형 핵 발전소의 설계 수명은 자그마치 60년이다. 2015년에 완공된다면 2075년까지 가동해야 설계 수명을 채운다는 말이다. 그러나 그만큼 폐기물은 누적되고, 핵 발전에 투자한 돈이 아까워서 재생 에너지 전환 투자를 주저하게 될 것이며, 그동안 우라늄 원료

현재 가동 중인 핵 발전소 수명을 30년 기준으로 할 때 폐쇄 예상				
	2010년	2020년	2030년	2035년	2040년
폐쇄 발전소	1	9	16	19	20
가동 발전소	50	12	5	2	1

부족에 따라 재생 에너지와 발전 단가가 역전되는 시기는 더욱 앞당겨질 것이다. 그렇다면 기술적인 고려로 40년 또는 60년을 채운다는 것은 상식과 거리가 먼 고집일 뿐이다. 독일은 2001년 핵 합의에 따라 핵 발전소 수명을 32년으로 정하고, 이 가동년수에 이르거나 발전량을 마친 핵 발전소를 단계적으로 폐쇄하기로 했다. 32년은 기술적이거나 경제적인 계산에 따라 자동으로 나온 것이 아니라, 정치적이고 사회적인 결론이었다. 핵 관련 업계와 정치 세력, 국민의 이해관계 차이에도 불구하고, 탈핵 합의에 따라 도출된 결론이었다. 이제 독일은 2021년 혹은 그 이전의 핵 발전 완전 중단을 향해 나아가고 있다.

원자로의 기술적 '설계 수명' 대신에 '적정 수명' 또는 한국에서 사회적으로 합의된 수명을 설정하고 논의를 전개해보자. 신고리 1호기를 제외하면 울진 6호기까지 대부분의 핵 발전소가 2005년 이전에 건설된 것이다. 대략 30년을 더하면 2035년이 나온다. 또 1999년 이전에 지어진 게 16기이므로 운전 중인 21기 중 76퍼센트에 이른다. 이 발전소들에 30년 수명을 적용하면 2030년 이전에 폐쇄되게 된다. 핵 폐기물의 누증, 국제적 에너지 상황의 변화 등을 고려할 경우 이 목표

	원전명	노형	용량(MWe)	착공일	상업 운전일	운영 상태
				한국 원자력 발전소 현황		
1	고리-1	PWR	603	1972-04-27	1978-04-29	운전
2	고리-2	PWR	675	1977-12-04	1983-07-25	운전
3	고리-3	PWR	1035	1979-10-01	1985-09-30	운전
4	고리-4	PWR	1035	1980-04-01	1986-04-29	운전
5	울진-1	PWR	985	1983-01-26	1988-09-10	운전
6	울진-2	PWR	984	1983-07-05	1989-09-30	운전
7	울진-3	PWR	1047	1993-07-21	1998-08-11	운전
8	울진-4	PWR	1045	1993-11-01	1999-12-31	운전
9	울진-5	PWR	1048	1999-10-01	2004-07-29	운전
10	울진-6	PWR	1048	2000-09-29	2005-04-22	운전
11	월성-1	PHWR	622	1977-10-30	1983-04-22	운전
12	월성-2	PHWR	730	1992-06-22	1997-07-01	운전
13	월성-3	PHWR	729	1994-03-17	1998-07-01	운전
14	월성-4	PHWR	730	1994-07-22	1999-10-01	운전
15	영광-1	PWR	985	1981-06-04	1986-08-25	운전
16	영광-2	PWR	978	1981-12-01	1987-06-10	운전
17	영광-3	PWR	1039	1989-12-23	1995-03-31	운전
18	영광-4	PWR	1039	1990-05-26	1996-01-01	운전
19	영광-5	PWR	1046	1997-06-29	2002-05-21	운전
20	영광-6	PWR	1050	1997-11-20	2002-12-24	운전
21	신고리-1	PWR	1000	2006-06-16	2011-02-28	운전
22	신고리-2	PWR	1000	2007-06-05	2011-12-31	건설
23	신고리-3	PWR	1400	2008-10-16	2013-09-30	건설
24	신고리-4	PWR	1400	2009-09-15	2014-09-30	건설
25	신고리-5	PWR	1400	–	–	계획
26	신고리-6	PWR	1400	–	–	계획
27	신울진-1	PWR	1400	2011-05-11	2015-12-31	계획
28	신울진-2	PWR	1400	2012-05-01	2016-12-31	계획
29	신월성-1	PWR	1000	2007-11-20	2011-10-01	건설
30	신월성-2	PWR	1000	2008-09-23	2012-10-01	건설

출처: 원전안전운영 정보시스템(http://opis.kins.re.kr).

는 더 앞당겨질 수도 있다. 그렇다면 국내 에너지 여건과 사회적 논의를 전제로 '2030년 탈핵'을 목표로 출발해도 무리가 아닐 것이다.

정의로운 전환과 시민의 참여

탈핵은 과정과 결과도 정의롭고 공평한 것이어야 한다. 핵 발전 중단이 정책적으로 결정된다 하더라도, 당장 핵 발전소 운영과 관리가 불필요해지거나 관련 기술과 수요가 완전히 사라지는 것은 아니다. 다른 발전과 제조업 등 에너지 집약형 산업들도 마찬가지다. 그러나 이 과정과 결과의 결정, 그리고 거기까지 도달하는 단계에서 정보의 공개와 참여는 충분히 보장되어야 한다. 또한 직간접으로 에너지 산업에 종사하는 노동자들과 가족들에 대한 피해는 최소화되어야 하고, 국가와 사회가 발생하는 부담을 같이 짊어져야만 한다.

이미 국제노총^{JTUC} 등 전세계의 노동조합운동은 기후변화와 에너지 위기에 맞선 대응에서 산업과 고용의 변동과 관련해 '정의로운 전환^{Just Transition}'의 원칙을 제안하고 있다. 요컨대 기본적으로 '건강한 생태계'를 바탕으로 한 녹색 경제 전환의 과정에서 발생하는 고용 불안을 제거하고 노동자와 지역 사회의 이익과 노동 기간의 손실없이 고용이 유지되는 것을 목적으로 프로그램을 작성하고 필요한 기금을 조성한다는 것이다.

재생 에너지가 화석연료나 핵 에너지보다 잠재적인 고용 창출 능력이 더욱 큰 것은 여러 연구에서 증명되고 있다. 게다가 재생 에너지

재생 에너지 투자에 따른 고용 효과(세계, 단위: 명)		
재생 에너지 분야	세계 집계	선정된 국가(고용 규모 순)
풍력	300,000	독일, 미국, 스페인, 중국, 덴마크, 인도
태양광(Solar PV)	170,000	중국, 독일, 스페인, 미국
태양열(Solar thermal)	624,000 이상	중국, 독일, 스페인, 미국
바이오매스	1,174,000	브라질, 미국, 중국, 독일, 스페인
수력	39,000 이상	유럽, 미국
지열	25,000	미국, 독일
기타 재생 에너지	2,332,000 이상	–

Worldwatch Institute(2008). 김승택(2009)에서 재인용.

는 소규모 분산 성격 덕분에 지역에 밀착해 지속적으로 창출되는 일
자리가 많다. 여기에는 태양광이나 풍력 발전뿐 아니라 주택 에너지
효율화나 환경 관리 같은 다양한 녹색 일자리까지 포함된다.

산업과 고용의 녹색 전환은 긴 시간 동안 풀어야 할 여러 과제들
을 수반할 것이다. 이 과정에서 발생할 수 있는 마찰적 실업 같은 사
회적 문제를 해결하려면 적절한 지원과 재고용을 위한 교육 프로그
램, 관련 노조를 상대로 한 충분한 사회적 합의, 수입에 대한 보전 등
모든 프로그램이 면밀하게 준비되어야 한다. 특히 정부, 즉 공공 부문
이 이 전환의 주도자Control Tower로서 수평적 네트워크를 기획하고, 공
동의 비전을 이끌어내며, 이해 당사자들의 참여와 헌신이 가능하도

록 사회적 숙의와 합의와 토론의 과정을 이끌어야 한다.

또 하나 강조할 것은 거버넌스의 문제다. 이 문제와 관련해서는 지난 2004년 참여연대에서 진행한 '전력 정책의 미래에 대한 시민합의회의' 시민 패널의 모델을 다시 환기하고자 한다.

부안 방폐장 건설 저지 투쟁의 홍역이 끝나갈 즈음, 참여연대 시민과학센터(소장 김동광)는 '원자력 중심의 전력 정책 어떻게 할 것인가'를 주제로 '전력 정책의 미래에 대한 시민합의회의'를 진행했다. 핵 발전과 직접 이해관계가 없는 시민들을 모아 일종의 시민 배심원 방식으로 전력 정책에 대한 의견을 모아내려 한 것이다. 시민 패널들은 전문가들의 충분한 설명과 정보를 접하고, 합숙을 통해 생각을 가다듬었다. 시민합의회의 마지막 날, 16명의 시민 패널들은 핵 발전소 추가 건설 중단을 주요 합의 내용으로 하는 '시민 패널 보고서'를 발표했다. 시민 패널들은 전력 정책의 우선 고려해야 할 가치로서 '지속 가능한 발전'이라는 전제 아래 친환경성과 평화, 공급 안정성, 형평성과 사회적 수용성 그리고 이것을 바탕으로 한 신뢰를 꼽았다. 이 내용을 기준으로 현재 한국의 전력 정책을 평가해봤을 때 문제점은 공급 위주 정책에 따른 원자력 종속 심화, 전력 정책 결정 과정의 폐쇄성, 신재생 에너지 개발 노력 부족 등을 지적한 바 있다.

이때 주요하게 논의된 내용에는 원전에 관한 것도 포함돼 있다. 패널들은 조별 또는 전체 토론을 통해서 원자력 발전의 여러 측면을 검토한 결과 '원자력 발전소의 신규 건설'은 중단해야 한다는 데 합의했다(16명 중 12명). 원전을 당장 대체할 수 있는 단기적 대안은 없지만 중장기적으로는 대안이 있다는 데 합의한 것이다. 시민 패널들은 대안으로 수요 관리 시스템의 정비, 지역적 분산화와 전원 구성의 다양화 등을 제시했다. 특히 원전의 신규 건설 중단은 신재생 에너지의 적극적 개발과 사회적 관심 증대로 이어질 것으로 판단했다.

이런 결과에도 불구하고 사회적 합의 보고서는 국가의 정책에 반영되지 못했다. 그렇지만 다양한 계층과 연령대의 평범한 시민들이 모여 토론을 통해 관련 정책에 대한 의견을 발표했고, 그 내용이 정부의 정책 방향과 전혀 다른 방향이라는 것은 시사하는 바가 크다. 우리가 주목하는 것은 이런 사회적 합의 시스템과 그 결과다. 국가 에너지 정책의 방향을 정하는 일을 밀실의 공무원들이나 많이 배운 전문가들만의 영역으로 국한하기보다는, 다양한 사람들이 머리를 맞대고 함께 토론하고 충분한 정보를 제공한다면 합리적이고 신뢰할 만한 결과를 도출할 수 있다는 것을 보여줬기 때문이다. 지금 논의되고 있는 핵 발전소의 안전성 문제도 마찬가지다. 체르노빌이나 후쿠시마처럼 쉬쉬하고 감출 일이 아니다. 투명한 운영과 합리적 토론이 우리 사회를 더욱 긍정적인 방향으로 이끌 것이다.

탈핵을 위한 세 가지 과제들

탈핵을 위한 첫걸음을 떼기 위해 한국 사회가 직면해 있는 몇 가지 과제가 있다. 우선 정부가 수명 연장을 추진하고 있는 월성 1호기 핵 발전소를 폐쇄하는 일이다. 1983년 4월 상업 운전을 시작한 월성 1호기는 오는 2013년 3월로 설계 수명 30년을 마감할 예정이었지만, 정부는 10년간 수명을 연장하기 위한 계획을 추진 중이다. 교육과학기술부는 월성원자력본부가 제출한 월성 1호기의 10년 운전 연장을 위한 안전성 평가 보고서를 토대로 오는 6월 연장 여부를 결정할 것으로 알려져 있다. 후쿠시마 핵 발전소가 수명을 연장해 가동 중에 사고가 발생했다는 점을 생각하면 노후한 핵 발전소를 수명 연장하는 것은 대단히 위험한 일일 뿐만 아니라, 무엇보다도 위에서 제시한 탈핵 시나리오를 실현하기 위해서도 수명 연장 철회는 중요한 일이다.

둘째, 이미 수명 연장에 들어간 고리 1호기 핵 발전소를 폐쇄하는 일이다. 고리 1호기는 30년의 설계 수명을 마치고도 2008년부터 다시 10년간 수명 연장에 들어가 운영 중이다. 이미 이 핵 발전소는 잦은 고장으로도 유명하며 후쿠시마 사고가 일어난 뒤에도 한 차례 사고가 일어나 운전이 중단되기도 했다. 고리 1호기 핵 발전소가 있는 부산과 울산 지역의 환경단체는 즉각 폐쇄를 요구하고 있다. 반핵부산시민대책위원회는 "후쿠시마 핵 발전소의 방사성 물질 누출 사고가 제1원전 중에 1~4호기에 집중된 것은 수명이 연장되어 가동 중인 노후 시설이 외부 충격에 얼마나 취약한지를 극명하게 보여준다"고 주장하고 있다. 이런 인식의 연장선상에서 부산변호사회는 고리 1호기 핵 발전소의 가동 중지 가처분 신청서를 부산지법에 제출한 상태다. 이것 또한 탈핵 시나리오를 시작하기 위한 기본 조건이 된다.

마지막으로 삼척, 울진, 영덕 등에 예정된 신규 원전 부지 선정을 중단하는 일이다. 정부와 한국수력원자력은 후쿠시마 핵 발전소 사고에도 아랑곳하지 않고, 신규 원전을 건설하기 위한 부지를 선정하는 작업에 들어갔다. 그러나 후쿠시마 핵 발전소 사고는 지역 주민들의 인식을 바꿔놓고 있다. 지난 4월 강원도지사 재보궐 선거에서도 삼척 핵 발전소 부지 유치가 쟁점이 되면서, 후보들이 너도나도 유치 반대로 돌아서는 모습이 나타났다. 이런 변화가 일시적인 반전이 아니라 모든 신규 핵 발전소 건설 계획을 위한 출발점이 되어야 한다.

핵 발전이 불가피하다고 생각하는 많은 이들은 흔히 "촛불 켜고 살 것이냐", "원시 시대로 돌아가자는 것이냐"라고 반문한다. 그러나 핵 발전은 시작부터 정치적이고 사회적인 선택이었다. 그 반대도 마찬가지다. 우리 세대 안의 탈핵을 목표로, 우리 후손들에게 들려줄 이야기를 준비하고 실천해야 한다.

참고 문헌

김수진 외. 2011. 《기후변화의 유혹, 원자력》. 도요새.
박년배. 2011. 〈발전 부문 재생 가능 에너지 전환을 위한 장기 시나리오 분석〉(서울대학교 환경대학원 박사학위 논문).
시민패널. 2004. 〈시민패널 보고서〉, 《2004 전력정책의 미래에 대한 시민합의회의 종합보고서》. 참여연대 시민과학센터.
윤순진. 2004. 〈전력정책의 쟁점〉, 《2004 전력정책의 미래에 대한 시민합의회의 종합보고서》. 참여연대 시민과학센터.
존 번 외. 2004. 《에너지혁명 — 21세기 한국의 에너지 환경 전략》. 매일경제신문사.